碳基缓蚀剂
在金属腐蚀防护中
的应用

Application of
Carbon-Based Inhibitors
in Metal Corrosion Protection

何忠义 著

化学工业出版社

·北京·

内容简介

本书以零维碳量子点（CDs）、二维氧化石墨烯以及咪唑啉等碳材料为主体，在此基础上采用掺杂等修饰方法制备了系列缓蚀性能优异的碳材料缓蚀剂，并系统地探究了碳材料在金属表面的作用及行为，深入分析其缓蚀行为的差异及变化，对比分析了碳材料的缓蚀行为及作用机制，发现不同碳材料对金属腐蚀的影响存在差异，为缓蚀剂的制备提供了新思路。本书可供材料学、金属加工、应用化学、物理化学、石油化工等专业的师生以及从事金属防护、润滑油等工作的工程技术人员阅读参考。

图书在版编目（CIP）数据

碳基缓蚀剂在金属腐蚀防护中的应用 / 何忠义著.
北京：化学工业出版社，2025. 7. -- ISBN 978-7-122
-47927-3

Ⅰ．TG174

中国国家版本馆 CIP 数据核字第 20255JP132 号

责任编辑：于　水　　　　　　　　文字编辑：高　琼
责任校对：李　爽　　　　　　　　装帧设计：刘丽华

出版发行：化学工业出版社
　　　　　（北京市东城区青年湖南街 13 号　邮政编码 100011）
印　　装：北京印刷集团有限责任公司
710mm×1000mm　1/16　印张 13　字数 205 千字
2025 年 7 月北京第 1 版第 1 次印刷

购书咨询：010-64518888　　　　　　售后服务：010-64518899
网　　址：http://www.cip.com.cn
凡购买本书，如有缺损质量问题，本社销售中心负责调换。

定　　价：98.00 元　　　　　　　　版权所有　违者必究

材料是人类文明进步的基石，从远古时代的石器、青铜器，到工业革命后的钢铁与合金，再到现代社会的复合材料与智能材料，每一次材料的革新都深刻推动了社会生产力的发展。然而，材料的腐蚀问题始终伴随着人类对资源的利用。据统计，全球每年因金属腐蚀造成的经济损失高达数万亿美元，我国 2022 年腐蚀总成本已超过 4 万亿元，占 GDP 的 3.34%。如何在保障材料性能的同时提升其抗腐蚀能力，已成为材料科学、化学工程及工业应用领域的核心课题之一。

金属腐蚀的本质是材料与环境介质间的化学或电化学反应，其复杂性体现在介质多样性（如酸性、碱性、海洋环境）、腐蚀形式多变性（均匀腐蚀、局部腐蚀、应力腐蚀）以及机理的交叉性（热力学驱动、动力学演变）。传统缓蚀剂（如铬酸盐、钼酸盐等）虽曾发挥重要作用，但其高毒性、生物降解性差等问题日益凸显，亟需开发高效、环保、低成本的可替代方案。在此背景下，碳基材料因其独特的物理化学性质（如高比表面积、可调电子结构、环境友好性）成为缓蚀剂研究的前沿热点。零维碳量子点（CDs）、二维氧化石墨烯（GO）以及含氮杂原子掺杂的碳材料，凭借其优异的吸附能力、荧光特性及可修饰性，在缓蚀领域展现出巨大潜力。

本书以碳基材料为核心，系统探讨其在金属腐蚀防护中的创新应用。全书共分为 6 章，内容涵盖材料腐蚀的基础理论、碳量子点的制备与缓蚀机理、氮/硫掺杂改性策略、二维石墨烯复合材料的界面调控以及有机含氮类缓蚀剂的分子设计。通过实验表征（如电化学阻抗谱、动电位极化曲线、表面形貌分析）与理论模拟（量子化学计算、分子动力学）相结合的方法，深入解析碳基缓蚀剂在金属表面的吸附行为、成膜机制及缓蚀效率的调控规律。

本书的创新性体现在以下三方面：

材料体系创新。突破传统缓蚀剂研究框架，以碳量子点、石墨烯等新型碳材料为主体，结合氮、硫等杂原子掺杂改性，构建多维度、多功能的缓蚀剂设计平台。

深度机理研究。通过跨学科方法（如量子化学计算揭示吸附构型与电子转移路径，分子动力学模拟追踪界面反应过程），阐明碳基缓蚀剂的作用本质。

应用场景拓展。针对石油化工管道、混凝土结构、海洋装备等典型工业场景，提出定制化缓蚀解决方案，推动实验室成果向工程实践转化。

全书内容兼顾学术前沿性与工程实用性，既可作为材料学、应用化学、腐蚀工程等专业师生的研究指南，也可为从事金属防护、能源化工、机械制造等领域的技术人员提供创新思路。我们期待，本书的出版能够促进碳基缓蚀剂研究的跨学科融合，加速绿色防腐技术的产业化进程，为我国实现"双碳"目标与工业可持续发展贡献力量。

本书虽为笔者多年的研究成果，但碳基缓蚀剂理论与技术处于不断发展中，不当之处难免，恳请广大读者批评指正。

著者

2025 年元旦

目录

参考文献

第1章

绪论

1.1 材料的发展历程

说到材料很多人都不会感到陌生,因为我们的生活与材料是息息相关的。材料是指具有一定物理化学性质和力学性能、能被用于生产制造或进行科学研究的物质[1]。

根据来源和性质,材料可以分为自然材料和人工材料两大类。自然材料包括石料、木材、矿物等,其特点是来源于自然界,常常需要经过加工处理才能使用。人工材料则是经过人工加工、合成或改性后形成的,例如金属材料、塑料、合成纤维等,这类材料通常具有理化性质稳定、易加工、性能可调节等特点。

除了按照来源、性质划分之外,材料还可以按照其在应用过程中的特殊性质进行分类。例如根据导电性、热导率、磁性等进行划分,可以得到电子材料、导热材料、磁性材料等不同类型的材料。此外,还有用途广泛的结构材料、功能材料等。

人类自诞生以来就与材料结下了不解之缘。从原始社会的"石器时代"到逐步进化的"青铜器时代",人类由蒙昧走向开化;"铁器时代"的到来,将人类带入农业社会;而"钢铁时代"的来临,又造就了工业社会的文明。材料的发展标志着人类社会的历史进程,材料作为生产力要素之一,直接进入生产过程,改变着人类社会的生产方式。20世纪40年代以来所发生的新材料革命,正在影响和改变着我们的世界。源源不断地涌现出的新材料在生产中的突出作用,更印证了科学技术是第一生产力的科学命题。随着经济、社会和科学的发展,各种新材料的出现和广泛应用使几大材料之间有了更多的内在联系和共性。

1.1.1 使用纯天然材料的初级阶段

在远古时代,人类只能使用天然材料(如兽皮、甲骨、羽毛、树木、草叶、石块、泥土等),也就是人们通常所说的旧石器时代。这一阶段,人类所能利用的材料都是纯天然的,在这一阶段的后期,虽然人类文明的程度有了很大进步,在制造器物方面有了种种技巧,但都只是纯天然材料的简单加工。

碳基缓蚀剂在金属腐蚀防护中的应用

1.1.2 单纯利用火制造材料的阶段

这一阶段就是通常所说的新石器时代、铜器时代和铁器时代，它们分别以三大人造材料为标志，即陶、铜和铁。这一阶段人类主要利用火来对天然材料进行煅烧、冶炼和加工。例如人类用天然的矿土烧制陶器、砖瓦和瓷器，后来又制出玻璃、水泥以及从各种天然矿石中提炼的铜、铁等金属材料。

1.1.3 利用物理化学原理合成材料的阶段

20世纪初，随着物理学和化学等科学的发展以及各种检测技术的出现，人类一方面从化学角度出发，开始研究材料的化学组成、化学键、结构及合成方法，另一方面从物理学角度出发，开始研究材料的物性，就是以凝聚态物理、晶体物理和固体物理等作为基础来说明与材料有关的工艺性问题。由于物理和化学等科学理论在材料技术中的应用，出现了材料科学。在此基础上，人类开始了人工合成材料的新阶段。这一阶段以合成高分子材料的出现为开端，一直延续到现在，而且仍将继续下去。人工合成塑料、合成纤维及合成橡胶等合成高分子材料的出现，加上已有的金属材料和陶瓷材料（无机非金属材料）构成了现代材料的三大支柱。超导材料、半导体材料、光纤材料等都是这一阶段的杰出代表。从这一阶段开始，人们不再是单纯地采用天然矿石为原料，经过简单的煅烧或冶炼来制造材料，而是能利用一系列物理与化学原理及现象来创造新的材料，并且根据需要，人们可以在对以往材料组成、结构及性能间关系的研究基础上进行材料设计。使用的原料本身有可能是天然原料，也有可能是合成原料[2]，而材料合成及制造方法更是多种多样。

1.1.4 材料的复合化阶段

20世纪50年代，金属陶瓷的出现标志着复合材料时代的到来，随后又出现了玻璃钢、铝塑薄膜、梯度功能材料以及各种不同应用功能的功能材料（如复合抗菌材料、镀镍碳纤维、镁合金等），这些都是典型复合材料的实例，都是为了适应高新技术的发展以及人类文明程度的提高而产生的。材料发展到这个阶段，人们已经可以利用新的物理、化学方法，根据实际需要设计独特性能的材料。现代复合材料最根本的出发点不只是要使两种材料复合后的性能变成 1+1=2，而是要使复合后的性能大于 2，甚至更大；并且复合材料并不只限于两类材料的复合，可以是三种甚至更多种。

1.1.5　材料的智能化阶段

自然界中的材料都具有自适应、自诊断和自修复的功能，如所有的动物或植物都能在没有受到绝对破坏的情况下进行自诊断和自修复，这种材料属于智能材料。

智能材料是自 20 世纪 90 年代开始迅速发展起来的一类新型功能材料，其集仿生、纳米技术及新材料科学于一身，被称为继天然材料、合成高分子材料、人工设计材料之后的第四代材料。

智能材料拥有很多普通材料不具备的特殊功能，在物理、化学、电子、航空航天、生物医学等领域得到了广泛应用[3]。近些年来，形状记忆材料、自修复材料、光热敏感材料、压电材料等引起了人们的广泛关注。

智能材料是由多种材料组元通过有机紧密复合或严格的科学组装而构成的材料系统，具备感知、驱动和控制三大基本功能要素。智能材料能够对环境条件及内部状态的变化做出精准、高效、适当的响应，同时还具备传感功能、信息存储功能、反馈功能、响应功能、自诊断功能和自修复能力等特征。如感知材料对外界的刺激具有感知作用，可用于制造传感器，其可感知外界环境刺激并以此进行信息采集。感知材料种类繁多，包括电感材料、光敏材料、湿敏材料、热敏材料、气敏材料、光导纤维、声发射材料、形状记忆材料、磁致伸缩材料、压电材料、电阻应变材料等。

（1）形状记忆合金

形状记忆合金（SMA）是一种具有"记忆"效应的合金，可以在加热升温后完全消除在较低温度下发生的变形，恢复变形前的原始形状。

2016 年，受铁定甲虫拥有强壮的外骨骼启发，英国 BAE 系统公司开发出一种新型车用悬挂系统，该悬挂系统采用镍钛记忆合金制成，可保护军用车辆免受爆炸等恶劣作战环境的影响。

2017 年，美国国家航空航天局（NASA）成功研发出使用记忆合金制成的免充气轮胎。这种记忆合金可以实现在变形 30% 的情况下却不发生永久变形或者损坏，不会像充气轮胎一样存在泄气或者爆胎的风险。

2018 年，美国得克萨斯州农工大学研发了一款高温形状记忆合金，可以在远高于 500 ℃的温度下工作。这种高温形状记忆合金可以根据飞机工作模式的不同，自动改变核心排气口喷嘴的尺寸，以提高飞机在飞行状态下的运转效率。

（2）自修复材料

材料损伤是影响材料功能的主要原因之一，如果能对这种早期的损伤或者裂纹进行修复，那么对消除安全隐患、增强材料的强度和延长材料的使用寿命具有重大意义，自修复材料恰恰可以满足这类需求。

2016 年，美国加州大学研发出一种透明、可延展的自修复导电材料，该材料在受损后，仅需 24 小时即可自我修复。这种材料未来有望用于驱动人造肌肉，也可用于提高电池、电子设备和机器人的性能。

2018 年，美国海军研究署和卡内基梅隆大学共同研发出可自愈金属-弹性体复合材料。这种材料制成的电路具有高度柔性，可以在极端的机械损伤下创建绕过受损区域的新电气连接，从而进行自我修复，并且无须引入外部的能量及设备，在软体机器人、仿生机器人和可穿戴电子设备领域具有巨大的应用前景。

2019 年，美国南加州大学开发出了可自修复的 3D 打印橡胶材料。该材料在被切成两半后，置于 60 ℃环境下 2 小时即可完全愈合，并且强度和功能得以保持。研究人员还尝试将其应用于车辆部件及防弹衣。

（3）光敏感材料

光敏感材料是指特制参数随外界光辐射的变化而明显改变的感知智能材料，可实现电磁波谱的选择特性、复合材料的强度特性、液晶材料的自变形特性等。

2018 年，美国杜克大学研制出首个非金属动态可调超材料。利用"光掺杂"工艺，实现了调控电磁波从而改善卫星间的宽带通信、改进安检扫描技术的目标。

2018 年，美国陆军研究实验室和美国马里兰大学宣布开发出了一种先进的合成自适应材料技术，可使复合材料的刚度和强度在紫外光照射下得到大幅提升。未来使用该技术有望制备出具有可控结构阻尼、轻质的新型复合材料，实现低维护、高速旋翼机概念。

2018 年，美国科罗拉多大学发明出一种液晶弹性体光敏材料，其在接收特定光和热后可变形为预设形状。该液晶弹性体光敏材料未来有望用于人工肌肉、生物医学设备和机器人等领域。

材料发展的重点是用高技术改造传统产业，注重产品结构的升级换代，从而为新材料和高技术乃至国民经济的快速发展打下良好基础。未来的社会科学发展还将围绕材料科学的发展而发展，材料科学在整个科学领域中将会处于"领头羊"的地位。

1.2 材料腐蚀的分类

各种材料、设备和构筑物在外界大气、水分、土壤、阳光、高温和应力作用下，在酸、碱、盐和有机溶剂的物理、化学和电化学以及生物化学因素作用下引起的变质和破坏现象统称为腐蚀[4]。但是随着非金属材料越来越多地用作工程材料，非金属材料失效现象也越来越受到人们的重视，因此，腐蚀科学家们主张把腐蚀的定义扩展到所有材料（金属和非金属材料）。简言之，物质在环境介质的作用下引起的变质或破坏称为腐蚀。金属材料的腐蚀主要是由环境因素的化学和电化学作用引起的损耗或破坏；非金属材料在环境的化学、机械和物理因素作用下出现的龟裂化、溶胀、溶解、强度下降或强度丧失以及质量的增减变化等叫作非金属材料的腐蚀。各种材料的机械损耗称为磨蚀、擦伤或磨损。金属材料在化学、电化学和机械的诸多因素同时作用下产生的损耗一般称为腐蚀性磨蚀、磨损腐蚀或摩擦腐蚀。腐蚀较确切的定义为：腐蚀是材料由于环境的作用而引起的破坏和变质。腐蚀现象是十分普遍的，从热力学的观点出发，除了极少数贵金属（Au、Pt）外，一般材料发生腐蚀都是一个自发过程。

材料的耐腐蚀性是相对的，绝对耐腐蚀的材料是不存在的，所以一定的材料只适用于一定的环境条件。影响材料腐蚀性的因素一般包括材料所接触的介质种类、浓度、温度、作用时间、压力和材料在该介质条件下的受力状态等。

通常环境介质对材料有各种不同的作用，其中有多种作用可导致材料遭受破坏，但只有满足以下两个条件，才称为腐蚀作用导致的破坏：①材料受介质作用的部分发生状态变化，转变成新相；②在材料遭受破坏的过程中，整个腐蚀体系的自由能降低。

腐蚀发生在材料表面。按腐蚀反应进行的方式分为化学腐蚀和电化学腐蚀。前者发生在非离子导体介质中，后者发生在具有离子导电性的介质中，故可通过改变材料的电极电位来改变腐蚀速度。按材料破坏特点分为均匀腐蚀、局部腐蚀和选择性腐蚀。均匀腐蚀指材料表面各处腐蚀破坏深度差别很小，没有特别严重的部位，也没有特别轻微的部分；局部腐蚀是材料表面的腐蚀破坏集中发生在某一区域，主要有孔蚀、缝隙腐蚀、晶间腐蚀等；选择性腐蚀是金属材料在腐蚀介质中，其活性组元产生选择性溶解，由金属材料合金组分的电化学差异所致。按腐蚀环境又分为微生物腐蚀、大气腐蚀、土壤腐蚀、海洋腐蚀和高温腐蚀等。

金属材料和它所处的环境介质之间发生化学、电化学或物理作用，引起金属的变质和破坏称为金属腐蚀[5]。可以说，人类有效地利用金属的历史，就是与金属腐蚀作斗争的历史。我国早在商代就冶炼出了青铜，即用锡改善了铜的耐蚀性。从出土的春秋战国时代的武器（如越王勾践剑）、秦朝的青铜剑和大量的箭镞来看，有的迄今毫无锈蚀。经鉴定，这些器件表面有一层铬的氧化物，而基体中并不含铬，很可能这种表面保护层是将铬的化合物人工氧化并经高温处理得到的。这种两千年前创造的与现代铬酸盐钝化相似的防护技术，不能不说是我国文明史上的一个奇迹。金属腐蚀防护的历史虽然悠久，但长期处于经验性阶段。到了 18 世纪中叶，才开始对腐蚀现象作系统的解释和研究。其中罗蒙诺索夫于 1748 年解释了金属的氧化现象。1790 年凯依尔（Keir）描述了铁在硝酸中的钝化现象。1830 年德·拉·里夫（De La Rive）提出了金属腐蚀的微电池概念。1833～1834 年间法拉第（Faraday）提出了电解定律。

这些都对腐蚀科学的进一步发展具有重要意义。金属腐蚀作为一门独立的学科则是在 20 世纪初才逐渐形成的。20 世纪以来，石油、化工等工业的高速发展，促进了腐蚀理论、耐蚀材料的研究和应用。经过电化学家和金属学家深入而系统的大量研究之后，人们逐步了解了金属腐蚀和氧化的基本规律，为腐蚀理论的提出奠定了基础。

近 50 年来，金属腐蚀已基本发展成为一门独立的综合性边缘学科[6]。随着现代工业的迅速发展，原来大量使用的高强度钢和高强度合金构件不断暴露出严重的腐蚀问题，引起科学家对相关学科的关注，包括现代电化学、固体物理学、断裂力学、材料科学、工程学、微生物学等。科学家对腐蚀问题进行了综合研究，并形成了许多腐蚀学科分支，如腐蚀电化学、腐蚀金属学、腐蚀工程力学、生物腐蚀学和防护系统工程等。

1.3 高分子材料的腐蚀

1.3.1 腐蚀形式

高分子材料的腐蚀是指高分子材料在加工、储存和使用过程中，由于内因和外因的综合作用，其物理化学性能逐渐变坏，以致最后丧失应用价值的现象。习惯上把高分子材料的腐蚀称为"老化"。老化主要表现为以下几个方面。

① 外观的变化。出现污渍、斑点、裂缝、粉化以及光泽度、颜色上的变化。

② 物理性能的变化。包括溶解、溶胀、流变、耐寒、耐热、透水、透气等性能的变化。

③ 力学性能的变化。如拉伸强度、弯曲强度、冲击强度等的变化。

④ 电性能的变化。如绝缘电阻、介电强度、介电常数的变化。

影响高分子材料腐蚀的因素[7] 主要有以下几个方面。

① 化学环境。高分子材料与化学物质的相互作用是导致材料腐蚀的主要因素。在不同的化学环境下，高分子材料会表现出不同的腐蚀特性，如耐酸但易腐蚀于碱性环境。

② 温度。高分子材料的腐蚀速率随温度的升高而增加，因为高温能使材料的化学反应速率增加。

③ 光照。高分子材料在阳光下易发生腐蚀，因为光能激发材料内的分子发生化学反应。

高分子材料的腐蚀类型[7] 主要有以下几种。

① 化学老化。化学老化是指化学介质或化学介质与其他因素（如力、光、热等）共同作用导致高分子材料破坏的现象，主要发生主键的断裂，有时次价键的破坏也属于化学老化，如链断裂、氧化等。

② 物理老化。高聚物的物理老化仅指由于物理作用而发生的可逆性变化，不涉及分子结构的改变，如开裂、剥落等。

1.3.2 腐蚀特点

高分子材料的腐蚀与金属腐蚀有本质的区别。在常温下的水溶液中，由于金属是导体，腐蚀多以金属溶解进入电解液的形式发生，因此在大多数情况下可用电化学过程来说明；而高分子材料一般不导电，也不以离子形式溶解，因此其腐蚀过程难以用电化学规律来说明。此外，金属的腐蚀过程大多在金属表面发生，但高分子材料不同，其周围的试剂（气体、蒸气、液体等）向材料内渗透扩散是腐蚀的主要原因。除了介质向高分子材料内部渗透扩散外，高分子材料中的某些成分，如增塑剂、稳定剂等添加剂或低分子量组分，也会从内部向外扩散、迁移，溶入环境介质中，从而导致高分子材料变质。对于复合材料，还可能在其界面引起腐蚀，所以要注意复合层的结构与界面情况对其耐蚀性的影响。

对于非金属材料的腐蚀程度，目前还没有很好的评定方法。它不能像金属材料那样用腐蚀率作标准来评定其耐蚀性。通常是以材料的失强率（％）、增减重（％）和外形破坏的描述等作为综合考察指标来进行评定。一般采用下列三级标准来评定非金属材料（除石墨、玻璃、陶瓷外）的耐蚀性[8]。

一级：良好，有轻微腐蚀或基本无腐蚀。

二级：可用，有明显的腐蚀，如轻度变形、变色、失强或增减重等。

三级：不适用，有严重的变形、破坏或失强。

上述三级标准主要是根据生产实践经验划分的，有相当的可靠性。但实际运用时，也要根据具体情况灵活运用。

对于一些高分子材料（如塑料、橡胶、玻璃钢和黏合剂等），可参考下列标准来确定是否可用：①弯曲强度下降＜25％；②质量或尺寸变化＜±5％；③硬度（洛氏 M）变化＜30％。凡是满足上述条件的，就可认为这种材料在试验期限或更长一些时间内是可用的。

另外，高分子材料会受到微生物的腐蚀，其特点如下。

① 专一性。对于天然高分子材料或生物高分子材料，酶具有高度的专一性，即酶/高聚物以及高聚物被侵蚀的位置都是固定的。

② 端蚀性。酶降解生物高分子材料时，多从大分子链内部的随机位置开始。

③ 高分子材料中添加剂的影响。大多数添加剂如增塑剂、稳定剂和润滑剂等低分子材料，易受微生物降解，特别是组成中含有高分子天然物的增塑剂尤为敏感。

④ 侧基、支链及链长对腐蚀的影响。事实上，只有酯族的聚酯、聚

醚、聚氨酯及聚酰胺，对普通微生物非常敏感。

⑤ 易侵蚀水解基团。由于许多微生物能产生水解酶，所以在主链上含有可水解基团的高聚物易受微生物侵蚀，这一特性对开发可降解高聚物很有帮助。

1.3.3 腐蚀防护

① 选择合适的材料。根据环境的不同，选择适宜的高分子材料。

② 采用防腐处理。涂覆抗腐蚀涂料、电镀、阳极保护等方式可以有效降低高分子材料的腐蚀率。

总之，高分子材料的腐蚀是一种复杂的现象，需要综合考虑多种因素，并采取相应的预防措施。

1.4 金属材料的腐蚀

金属通常被分为黑色金属和有色金属。其中黑色金属通常为铁、锰和铬及其合金，除此之外的金属则被称为有色金属。在金属材料的使用过程中常会发生锈蚀，其中锈蚀便是金属腐蚀方式的一种。金属腐蚀通常被认为是其与周围介质接触而发生的化学或由电化学作用所造成的破坏。一般金属腐蚀的反应均为自发的，发生的化学反应即为各种金属由纯金属原子状态转换为离子状态，而由此产生的腐蚀会降低其力学、物理和化学性能。国家海洋腐蚀防护工程技术研究中心主任侯保荣介绍，在2014年我国腐蚀成本超过了2万亿元，占国内GDP的3.34%，我国2022年腐蚀总成本已达4万亿元[9]，由此可知金属腐蚀的防护是非常严峻的任务。

1.4.1 腐蚀形式

金属腐蚀[10]一般可按腐蚀形式分为均匀腐蚀、局部腐蚀和应力腐蚀。

均匀腐蚀（全面腐蚀）是指金属表面被整个腐蚀，而腐蚀的分布可以是均匀的，也可以是不均匀的。常见的钢铁在酸性条件下的腐蚀被看作是均匀腐蚀。均匀腐蚀虽然会对金属造成最大程度的破坏，但其造成的损失却可利用重量法进行预估。因此在使用前，可根据计算损失量来预测其使用寿命，进而降低危险性。

碳基缓蚀剂在金属腐蚀防护中的应用

局部腐蚀是相对于均匀腐蚀而论的。金属上的某一部位被集中腐蚀，而其他部位未发生破坏被称为局部腐蚀。导致局部腐蚀的因素主要为金属间的性质、介质环境和焊接设计等。局部腐蚀一般包括电偶腐蚀、小孔腐蚀、缝隙腐蚀和晶间腐蚀。电偶腐蚀一般被认为是不同种金属在同一环境下相互接触，因其电极电位过低，进而发生阳极氧化反应以造成的腐蚀。小孔腐蚀则是由于腐蚀主要集中发生在某些活性位点，并使腐蚀以较快的速度纵向发展的孔蚀，而因其腐蚀常会造成管壁穿孔等损害，造成的危害也是不可预期的。缝隙腐蚀是由金属与金属或非金属之间的缝隙内形成闭塞电池造成的局部腐蚀。小孔腐蚀需要活性离子才会发生，缝隙腐蚀则只需形成闭塞电池就可以加速腐蚀，因此缝隙腐蚀要比小孔腐蚀更普遍。晶间腐蚀是因微电池的作用而引起的金属晶界被破坏的一种现象，其腐蚀情况因发生在金属内部，不易被察觉，但被碰撞时则会发生折断或粉碎。

由字面意思可知，应力腐蚀是在应力作用下发生的。应力腐蚀通常包括腐蚀疲劳和磨损腐蚀等。其中腐蚀疲劳是金属材料在不断变化的应力和腐蚀环境共同作用下发生的断裂，如在晶间腐蚀和应力的作用下，金属会发生晶间应力腐蚀。由此造成的危害要大于单独的局部腐蚀。磨损腐蚀是在腐蚀介质环境中发生机械摩擦导致材料表面磨损时发生腐蚀的现象。在一些球磨机等滚动机械中磨损腐蚀最为普遍。

1.4.2 腐蚀环境与特点

金属腐蚀按腐蚀环境可分为大气腐蚀、土壤腐蚀和海水腐蚀。

1.4.2.1 大气腐蚀

金属在大气环境（如工业大气、海洋大气和农村大气等）中发生的化学反应所造成的腐蚀称为大气腐蚀，是金属在自然环境条件下最常见的腐蚀形式之一。金属材料在大气中的腐蚀是一个复杂的过程，受到多种因素的影响，包括金属表面状态、大气成分、气候因素、大气中的污染物质等。大气腐蚀在金属腐蚀中是数量最多、覆盖面最广、破坏性最大的一种腐蚀。这是因为金属暴露在大气环境介质中的机会比在其他介质中的机会多。在户外有众多的输电钢架、铁道桥梁，无处不受到大气的侵蚀。因为大气腐蚀，钢架的截面积逐渐变小，单位面积的载荷增加，当超过极限时就会发生崩塌，造成重大事故。

大气腐蚀可以按照金属表面的潮湿程度不同分为三种类型[11]：干的

大气腐蚀、潮的大气腐蚀和湿的大气腐蚀。大气中基本没有水汽时，金属表面没有水膜，在这种状态下的大气腐蚀称为干的大气腐蚀。相对湿度在100％以下时，金属表面存在肉眼看不见的薄液膜。这层水膜是由于毛细管作用、吸附作用或化学凝聚作用而在金属表面上形成的。金属在这种状态下的腐蚀称为潮的大气腐蚀。铁等金属在不直接被雨淋时所发生的腐蚀就是这种类型。当空气中的相对湿度为100％左右或当雨水直接淋湿金属的表面时，水分已在金属表面上凝聚成了液滴，并已连成一片，存在肉眼可见的水膜，金属在这种状态下的腐蚀就称为湿的大气腐蚀。

但是金属在大气中腐蚀的实际情况，并不能将这三种形式区分得很清楚，这要考虑腐蚀的条件及因素，而且也有可能由一种形式的腐蚀过程过渡到另一种形式。

除了大气中的水分外，影响金属在大气中的腐蚀还有以下几种因素。

(1) 金属表面的形貌

金属表面的光亮度对大气腐蚀影响极大，光滑的表面不易形成连续的水膜，甚至不能使水膜附着在其上，所以不容易产生电化学腐蚀。相反，如果金属表面凹凸不平，或者很粗糙，那么就有利于水膜的形成，使金属表面产生电化学腐蚀，即使在相对湿度很低的情况下腐蚀也可能发生。

(2) 大气成分及杂质

大气成分及杂质，特别是氧对金属大气腐蚀的作用不容忽视。此外，大气中的污染物质，如硫化物，也是影响大气腐蚀的重要因素。

① 氧对金属大气腐蚀的作用。空气中含有大量的氧气。在电解液薄膜下微电池的电化学腐蚀过程中，氧是以阴极去极化剂的作用使金属发生腐蚀的。

② 大气中二氧化硫对腐蚀的影响。大气腐蚀的程度主要取决于大气的成分、温度和湿度，所以大气对金属的腐蚀性会根据各种不同的因素，在很大的范围内变动。腐蚀程度最大、最严重的是潮湿的受污染大的工业大气，腐蚀程度最小的是干燥而洁净的大气。对大多数工业结构的合金来说，最能加速腐蚀过程的是二氧化硫、硫化氢等含硫的污染物。

在污染的大气中，当低于临界湿度时，金属表面没有水膜，所受到的是化学腐蚀，腐蚀速度是很小的。高于临界湿度时，金属表面能够形成一层薄水膜，便会发生严重的电化学腐蚀，其中二氧化硫起促进和加速腐蚀的作用。

③ 大气中盐粒对金属腐蚀的影响。海洋大气中含有许多微小的盐粒及盐雾，当这些盐分沉积到金属表面时，就会产生严重的腐蚀。但是其程度取决于盐分的数量，而盐的沉积数量又取决于风浪的条件、距离海平面的高度以及曝晒的时间。海盐都是氯化物，特别是氯化镁及氯化钙都是吸湿性很强的盐分，很容易在金属表面上吸水而形成电解质液膜。

金属受到大气腐蚀以后，首先是表面颜色变灰暗并逐渐转变颜色，严重时可看到斑斑锈迹，破坏其外观。在短时间内可能不会有什么大问题，但它的危险性是潜伏的，当腐蚀到一定的程度以后，就会产生明显的破坏，甚至产生突发性的灾难。因此，对于金属的大气腐蚀，切不可等闲视之。

为了减少金属在大气中的腐蚀，可以采取多种措施[12]，如合理选材（如使用低合金钢、不锈钢等），特别是耐大气腐蚀钢（耐候钢），这是一种通过在普通钢中添加一定量的合金元素制成的低合金钢，具有优异的抗大气腐蚀等性能。这种钢在工业和农村大气环境中会在其基体表面形成一层致密而稳定的氧化保护膜，阻碍腐蚀介质的进入，从而表现出良好的耐腐蚀性。另外还可以采取表面涂覆（使用涂料、镀层屏蔽氧和水）、保持表面清洁以及介质控制（如降低空气湿度、减少污染物、使用缓蚀剂等）等措施提高耐蚀性。

1.4.2.2　土壤腐蚀

金属在土壤中发生的腐蚀称为土壤腐蚀。土壤腐蚀主要涉及埋于地下的金属构件。随着国家现代化建设的逐步深入，地下金属构件数量迅速增加，如西气东输的输气管道、北油南调的输油管道、电缆、地下水管和排污管等。这些构件不易检测，维护费用高，土壤的腐蚀容易引起油、气、水的渗漏，可能导致停工停产，甚至安全事故。土壤是具有毛细管多孔性的特殊固体电解质，土壤中物质繁多，造成土壤腐蚀的原因通常包括因氧气分布不均匀引起的差异充气土壤腐蚀、因漏电产生的散流引起的杂散电流腐蚀和因土壤中微生物作用所引起的微生物土壤腐蚀。

土壤腐蚀受多种因素影响[13]，包括土壤的电导率、含水量、含氧量、盐分、温度、pH 值、微生物活动以及杂散电流等。其中，充气不均匀、微生物活动和杂散电流是土壤腐蚀中最常见的三种原因。

① 充气不均匀腐蚀。当埋在地下的金属穿过成分和潮湿程度不同的土壤时，氧气分布不均匀，会导致电化学反应不均，从而使某些区域成为

阳极而受到腐蚀。

②微生物活动引起的腐蚀。土壤中的微生物，如硫酸盐还原菌，通过生物催化作用促进析氢腐蚀的进行，导致金属产生局部腐蚀。英国95％的土壤腐蚀和美国77％的油气井腐蚀主要是由微生物腐蚀引起的。

③杂散电流引起的腐蚀。电车、地铁或接地的输电系统在土壤中产生的杂散电流，其强度远高于正常电化学腐蚀的腐蚀电流，会导致邻近的金属构件快速腐蚀。

为了保护埋地管道免遭土壤腐蚀，常用的方法包括涂敷防腐层和采用电化学保护技术。最根本的方法是研发新材料，如耐腐蚀的 X80 管线钢已经在我国的西气东输工程中大量使用。

1.4.2.3 海水腐蚀

金属在海洋环境中发生的腐蚀称为海水腐蚀[14]，通常是指金属在海水中受化学因素、物理因素和生物因素的作用而发生的破坏。众所周知，海洋中含有大量的盐、氧气等腐蚀因素，长期作用下会导致金属材料变薄，强度降低，有时发生局部穿孔或断裂，甚至使结构发生破坏。全世界每年生产的钢铁产品，大约有十分之一因腐蚀而报废，工业发达国家每年因腐蚀造成的经济损失，大约占国民经济总产值的 2％～4％。第一次世界大战期间，由于金属腐蚀，英国许多军舰在港口等候更换冷凝管，严重影响了战斗力。后来 G. D. 本戈和 R. 梅等人对黄铜冷凝管的脱锌作用进行了仔细的研究，改进了冷凝器的设计，又用新材料代替黄铜，才解决了这个腐蚀问题。1935 年，国际镍公司在美国北卡罗来纳州的赖茨维尔比奇建立了 F. L. 拉克腐蚀研究所，对金属材料和非金属材料进行了大量的海水腐蚀和海洋大气腐蚀的试验。从 20 世纪 70 年代起，英国、法国、德国和荷兰等国为了开发北海的石油和天然气，协作研究了近海钢结构的腐蚀问题，特别是腐蚀疲劳问题。在 1949 年之后，我国金属腐蚀和保护的研究得到了迅速发展，在国民经济和国防建设中起到了重要的作用。

海水中溶解氧的浓度和海水的温度等可能分布不均匀，另外金属有晶界存在，物理性质不均一，并且金属材料实际上都含有某些杂质，化学性质也不均一，这些因素造成金属表面上各部位的电势不同，就会形成局部的腐蚀电池或微电池。电势较高的部位为阴极，较低的为阳极。当电势不同的两种金属在海水中接触时，也会形成腐蚀电池，发生接触腐蚀。电势较高的金属如铁，腐蚀时阳极进行铁的氧化：$Fe \longrightarrow Fe^{2+} + 2e^-$。释放的电子从阳极流向阴极，使氧在阴极被还原：$O_2 + 2H_2O + 4e^- \longrightarrow 4OH^-$。氢氧根离子经海水介质移向阳极，与亚铁离子生成氢氧化亚铁：$Fe^{2+} + 2OH^- \longrightarrow Fe(OH)_2$。氢氧化亚铁易与海水中的溶解氧反应生成氢氧化铁，然后经部分脱水成为铁锈 $Fe_2O_3 \cdot H_2O$，其结构疏松，对金属的保护性能低。电势较低的金属如镁，被海水腐蚀时，镁作为阳极而被溶解，阴极处释放出氢。例如锌和铁在海水中接触时，因锌的电势较低，腐蚀加快，而铁的电势较高，腐蚀变慢，甚至停止。大多数工业用金属的状态不稳定，但是金和铂等贵金属的状态稳定，在海水中不发生腐蚀。

海洋环境对金属腐蚀[15]的影响因素很多，包括化学、物理和生物等因素。

（1）化学因素

① 溶解氧。海水溶解氧的含量越多，金属的腐蚀速度越快。但对于铝和不锈钢一类金属，当其被氧化时，表面会形成一层薄氧化膜，保护金属不再被腐蚀，即保持了钝态。此外，在没有溶解氧的海水中，铜和铁几乎不受腐蚀。

② 盐度。海水含盐量较高，其中所含的钙离子和镁离子能够在金属表面析出碳酸钙和氢氧化镁沉淀，对金属有一定的保护作用。河口区海水的盐度低，钙和镁的含量较小，金属的腐蚀性增加。海水中的氯离子能破坏金属表面的氧化膜，并能与金属离子形成络合物。络合物在水解时会产生氢离子，使海水的酸度增大，使金属的局部腐蚀加强。

③ 酸碱度。用 pH 值表示。pH 值越小，酸性越强，反之亦然。海水的 pH 值通常变化甚小，对金属的腐蚀几乎没有直接影响。但在河口区或当海水被污染时，pH 值可能有所改变，因而对腐蚀有一定的影响。

（2）物理因素

① 流速。海水流速增大时，溶解氧向阴极扩散得更快，使金属的腐蚀速度增加。特别是当海水流速很大、对金属的冲击很强时，海水中产生气泡，就会发生空泡腐蚀，其破坏性更强。船舶螺旋推进器的叶片往往是因空泡腐蚀而损坏的。

② 潮汐。在靠近海面的大气中有大量的水分和盐分，又有充足的氧，对海水中裸钢桩的腐蚀性比较强。因此，在平均高潮线上面海水浪花飞溅到的地方（飞溅区），金属表面经常处于潮湿多氧的情况下，腐蚀最为严重；在平均高潮线和平均低潮线之间为潮差区，金属的腐蚀状况差别很

大，由高潮线向下，腐蚀速度逐渐下降。总的说来，在平均中潮线以上的腐蚀比较严重。

③ 温度。水温升高会使腐蚀加速。但是升高到一定程度时，氧在海水中的溶解度降低，会使腐蚀减轻。

(3) 生物因素

许多海洋生物常常附着在海水中的金属表面上。钙质附着物对金属有一定的保护作用，但是附着的生物的代谢物和尸体分解物有硫化氢等酸性成分，能加剧金属的腐蚀。另外，藤壶等附着生物在金属表面会形成缝隙，这时隙内水溶液的含氧量比隙外海水的含量低，构成了氧的浓差电池，容易使隙内的金属受腐蚀，这就是金属的缝隙腐蚀。此外，存在于海水中和淤泥中的硫酸盐还原菌能将硫酸盐还原成硫化物，后者对金属有腐蚀作用。当耐腐蚀的钢材（在钢中添加少量的铬、镍、磷、铜、铝、钼和锰等，有的还加稀土元素）被用于海洋环境中的结构材料时，这种钢材在飞溅区和海洋大气中的腐蚀速度比碳钢小得多，这是因为其中添加的成分，在金属被腐蚀时能增加锈层的致密性，对金属起保护作用。另外铜及其合金被腐蚀时，会放出有毒的铜离子，能够阻止海洋生物在金属表面附着生殖，从而免受进一步的腐蚀。但是，浸入海中的低合金钢会出现局部腐蚀；在拉应力和腐蚀性介质同时作用下，钢材会发生应力腐蚀破裂；在波浪或其他周期性力作用下，金属结构会发生腐蚀疲劳而破坏，特别是焊接点，这种效应更加严重。

为了减轻或防止金属在海水中的腐蚀，可以采取多种措施[16]。表面处理，如镀锌、喷涂等可以形成一层保护膜，防止海水中的离子侵蚀。防腐涂层，如环氧、聚氨酯等，也能提供类似的保护作用。电化学防护方法，如阳极保护和阴极保护，通过施加外电场或在金属表面涂覆一层电化学保护膜来防止腐蚀。此外，金属材料的选择也很关键，不同的金属材料具有不同的抗腐蚀性能，因此在设计海洋工程设施或装备时应根据实际情况选择适当的金属材料。

1.4.3 腐蚀防护

碳钢因其卓越的力学性能、优良的导热性、良好的导电性和优异的可变性等优点，受到航空、船舶、建筑钢材、运输和油气管道等不同领域专业选材的青睐。然而碳钢由于碳含量低，在酸性环境即盐酸或硫酸溶液、中性的 3.5％（质量分数）NaCl 溶液或碱性的 NaOH 溶液条件下容易发生化学或电化学腐蚀，降低其硬度和耐压性，由此会大大降低碳钢的使用寿命，同时也会造成巨大的经济损失和严重的环境破坏。据研究报道，金属腐蚀约占钢材总产值的 10％，相应的经济损失占世界各国 GDP 的 2％～4％。在工业化中，碳钢通常采用涂层、牺牲阳极保护、电镀、热镀或缓蚀剂等方法来防止腐蚀。其中油井、天然气和排水管道由于长期使用会产生污垢、沉积和锈蚀，因此管道的清洗通常采用高浓度的盐酸溶液；但其酸性较强，易与碳钢中的金属发生化学反应，导致金属表面发生腐蚀和氢脆[17]，将对碳钢的力学性能有严重的影响。在金属酸洗的腐蚀保护方法中，缓蚀剂因其低剂量、低成本、操作方便且具有高效保护等特点，通常是酸洗腐蚀防护中最优选的方法之一。

金属腐蚀可以分为化学腐蚀和电化学腐蚀。金属在非电解质环境中仅发生纯化学反应和无电流产生的腐蚀称为化学腐蚀。事实上化学腐蚀存在的地方较少。干的大气腐蚀便是化学腐蚀中的一种。金属在电解质溶液中发生有电流产生的电化学作用的腐蚀称为电化学腐蚀。此腐蚀过程等效于原电池过程，即在电化学作用下，反应中包含一个或多个阳极反应和阴极反应。电化学腐蚀存在于各种腐蚀环境中，因此它也是常见的腐蚀。

根据金属腐蚀机理，金属腐蚀防护的方法主要包括六大类：对材料的合理选择、对介质环境的处理、阴极保护、阳极保护、添加缓蚀剂和金属表面涂层[18]。

（1）合理选材

在使用金属前，金属材料的合理选择是至关重要的。一般可通过金属在热力学中的标准平衡电位进行初判。标准平衡电位越正，耐蚀性一般越好。但由于腐蚀环境的复杂性，此标准不能作为绝对评判项。另外在选材中也可选择加入多相合金材料或对其锻造进行改良，以增加其耐蚀性。

（2）介质处理

一般电解质溶液的浓度、温度、压力和流动速度均可以影响腐蚀作用。如在非氧化性酸性溶液中，金属的腐蚀速率会随着酸性的增加而增加。但是对于氧化性酸性溶液，其对金属的腐蚀程度可以达到一个最大值，继续增加浓度，金属会发生钝化，形成保护膜以降低金属的腐蚀速度。通常温度和压力对腐蚀速率的影响一般为正相关，但有时随着温度的升高，氧气的溶解量会随之减少，也会使得腐蚀速率降低。因此去除介质中的氧气也是降低腐蚀速率的有效方法之一。

（3）阴极保护

阴极保护主要分为外加阴极极化保护法和牺牲阳极保护法。外加阴极极化保护法是将需要保护的金属与外加直流电源的负极连接，使阴极极化至阳极的平衡电位。一般适用于在酸性溶液中管道的防腐。而牺牲阳极保护法通常不需要外加电源，而是选择电位低且与保护金属电位差较大的金属作为阳极，以牺牲阳极金属使保护金属免受腐蚀。轮船船底采用锌块保护铁制的船身是牺牲阳极保护法中最常见的。

（4）阳极保护

将外加直流电源的正极与需要保护的金属相连接，使金属阳极极化至到达钝化状态的电位，使金属钝化，进而起到保护作用。

（5）缓蚀剂保护

缓蚀剂因操作简单、用量少、使用方便且效益高而被广泛应用于各个行业，而且它还具有可以对任何与介质接触的部位起到防腐效果的优点，所以缓蚀剂成为防腐方法中十分重要的一环。在酸性介质中洗涤钢材时使用缓蚀剂是较为常见的一种缓蚀剂用法。

（6）金属表面涂层保护

将保护金属与介质隔离开的表面涂层被称为金属的表面涂层保护法。而表面涂层通常选用耐蚀性较强的金属或非金属材料。金属涂层的防护通常包括电镀层、喷镀层和刷镀层等。非金属覆盖层包括涂料、颜料和外衬等。

在盐酸溶液中通常会选择不同类型的缓蚀剂以减少工业处理过程中金属的腐蚀，达到既增加碳钢洁净度，又延长其使用寿命的目的。在缓蚀剂发展初期，无机缓蚀剂如铬酸盐、硝酸盐和钼酸盐被用作强氧化缓蚀剂，以钝化金属表面起到保护作用。然而无机缓蚀剂具有高毒性，会对人体健康和环境造成巨大危害，因此为响应国家环保的号召，近年来研究人员更加关注有机缓蚀剂的研发。通常有机缓蚀剂一般分为咪唑啉衍生物、吡啶衍生物、表面活性剂和离子液体等。它们通常具有富含孤对电子的 S、N、O 和 P 等杂原子官能团，以使其与金属配位，吸附在表面，发挥抑制腐蚀的作用。但目前常见的有机缓蚀剂仍存在有机分子合成工艺复杂、合成效率低、毒性大等缺点，因此研究人员也在不断改进这一不足，期望找到毒性低且高效的新型缓蚀剂。

碳量子点是尺寸小于 10 nm 的零维材料，是具有良好的水溶性、生物相容性、环境友好性、荧光稳定性和成本低的碳基纳米材料。正因其合成简单、易于修饰且具有优异的光学性能、电子性能、强荧光性和低毒性等独特的物理化学性质，近年来，碳量子点在生物成像、生物传感、电池存储、光催化、荧光墨水和生物医学等多个领域得到了广泛的研究。与此同时，由于碳量子点优异的性能[19]，近年来也引起了缓蚀剂研究人员的高度关注。

第2章

碳量子点的腐蚀防护

2.1 缓蚀剂

2.1.1 概念

一种或几种化合物以一定的浓度和形式存在于腐蚀介质中，使介质中金属腐蚀速率降低或防止金属腐蚀，这种化学物质被称为缓蚀剂[20]。其特点是：缓蚀剂的添加量在万分之几到百分之几之间，便能有效地防止或减缓金属的腐蚀。另外为了减少缓蚀剂的流失，通常缓蚀剂会使用在封闭或循环的系统中。

2.1.2 分类

2.1.2.1 按组成分类

（1）无机缓蚀剂

无机缓蚀剂主要由无机盐组成，其中常见的无机缓蚀剂为铬酸盐、硝酸盐、亚硝酸盐、磷酸盐和钼酸盐等。铬酸盐对多种金属均具有良好的缓蚀性能，但由于金属铬离子的毒性会危害人体健康，所以目前铬酸盐很少被使用。除此之外，钼酸盐也是具有优异性能的缓蚀剂，但由于钼酸盐价格昂贵，目前实现工业化还是较为困难的。

（2）有机缓蚀剂

有机缓蚀剂主要由有机化合物组成，其中有机化合物中常含有氧、氮、硫和磷等杂原子。常见的有机缓蚀剂为多醇类物质、胺类物质、咪唑啉衍生物、吡啶衍生物和噻唑衍生物等。其主要以吸附的方式（物理吸附和化学吸附）对金属的电化学腐蚀起到抑制作用。目前人们为了获得环保型、高效、多功能且经济的缓蚀剂，将目光逐渐集中于有机缓蚀剂的研发。

有机缓蚀剂为吸附型缓蚀剂，常用品种有含氮、含硫、含氧、含磷有机化合物，如胺类、杂环化合物、长链脂肪酸化合物、有机磷、醛类等。

① 胺类。包括脂肪胺、脂环胺、芳香胺、杂环胺、季铵盐等。这些化合物通过其特定的化学结构与金属表面相互作用，形成保护膜，从而防止金属被腐蚀。

② 醛类。醛类化合物也属于有机缓蚀剂的一种，它们通过与金属表

面反应，形成保护性的化学键，减少金属与腐蚀介质的接触。

③ 羧酸盐类。这类缓蚀剂通过离子交换或化学吸附的方式，在金属表面形成一层保护膜，阻止金属与腐蚀性介质直接接触。

④ 杂环化合物。杂环化合物因其独特的化学结构，能够在金属表面形成稳定的保护膜，有效阻止金属的腐蚀。

⑤ 炔醇类。炔醇类缓蚀剂如辛炔醇，能够在高温和浓酸条件下牢固吸附于金属表面，形成保护膜，防止金属被腐蚀。

⑥ 有机磷化合物和有机硫。这些化合物通过其特定的化学性质，在金属表面形成保护层，减少金属的腐蚀。

这些有机缓蚀剂通过不同的作用机制，有效地保护金属免受腐蚀，广泛应用于石油、化工、电力等领域。

在有机缓蚀剂中，碳纳米材料，特别是碳量子点已经成为一大类重要的缓蚀剂的最佳候选，现在已经成为研究的热点。

2.1.2.2 按作用类型分类

(1) 阳极型缓蚀剂

阳极型缓蚀剂也称作阳极抑制型缓蚀剂，可引起易钝化金属的氧化，形成保护膜或溶解介质中的氧气使阳极极化，即电位向正方向移至金属钝化区，以防止金属被腐蚀。但若缓蚀剂在金属表面的覆盖度不全面，则容易造成小阳极大阴极的腐蚀，即大面积阴极得到大量电子，造成小面积阳极失去更多电子，导致金属局部腐蚀。故阳极型缓蚀剂也被称为"危险型缓蚀剂"，其用量是关键，用量不足则会加速金属的腐蚀。

(2) 阴极型缓蚀剂

阴极型缓蚀剂也称作阴极抑制型缓蚀剂，其原理是缓蚀剂的阳离子在阴极表面形成沉淀保护膜，并使阴极极化（氢离子的电极电位向负方向移动），减缓阴极反应过程，以防止金属的腐蚀。相对于阳极型缓蚀剂，阴极型缓蚀剂用量不足，不会造成金属的过度腐蚀，被称为"安全型缓蚀剂"。典型的阴极型缓蚀剂包括碱式碳酸钙、硫酸锌、氯化砷、氯化锑和有机缓蚀剂。

(3) 混合型缓蚀剂

既可抑制阳极金属的溶解反应，又可抑制阴极反应过程的缓蚀剂称为混合型缓蚀剂。混合型缓蚀剂可同时使阳极的电极电位正向移动和阴极的电极电位负向移动，其电极电位移动幅度偏小，但电流密度大幅降低，由此混合缓蚀剂起到减缓金属腐蚀的作用。通常混合型缓蚀剂为含杂原子的有机化合物，如胺类和硫脲类衍生物。

2.1.2.3 按保护膜类型分类

（1）氧化膜型缓蚀剂

该类缓蚀剂直接或间接地氧化金属表面并形成保护膜，以阻碍金属的腐蚀。其保护膜具有致密性好和附着力强的特点。一般此类缓蚀剂对可钝化金属（Fe、Mg 和 Al 等）具有一定的保护作用，而对不具有钝化性的金属（Cu 或 Zn 等）无明显效果，因此它又被称为"钝化剂"。由于氧化膜型缓蚀剂主要影响金属由活化区至钝化区的电极电位，故当它用量不足时会造成金属的孔蚀，存在潜在的危险。

（2）沉淀膜型缓蚀剂

这类缓蚀剂与腐蚀介质中的离子或金属溶解后的离子发生反应，并在金属表面生成沉淀膜。沉淀膜可以阻止阳极或阴极反应，由此达到减缓金属腐蚀的目的。沉淀膜的致密性和附着力相比于氧化膜的较低。典型的沉淀膜型缓蚀剂为：碳酸氢钙、磷酸盐和硅酸盐等。

（3）吸附膜型缓蚀剂

该类缓蚀剂是以吸附的方式在金属表面形成保护膜，从而防止金属的腐蚀。由吸附反应的性质可分为物理吸附和化学吸附。物理吸附膜是通过缓蚀剂离子与金属表面的正电荷或负电荷产生静电吸引或者范德华力，从而达到缓蚀目的的。此吸附方式具有无选择性、作用力小和易脱附的特征。化学吸附膜是由缓蚀剂中具有供电子能力的基团与金属的空轨道吸附形成配位结合，降低金属反应能，使氢离子放电去极化受到抑制。化学吸附具有选择性、作用强和不易脱附的特征。

2.1.3 性能研究方法

2.1.3.1 重量法

重量法是根据金属样品在腐蚀介质中腐蚀前后的质量变化计算腐蚀速率，并以此来判断金属材料的耐蚀能力的[19]。重量法被认为是测量金属静态腐蚀的标准方法，具有操作简单、准确性高和易就地测试等优点，常被用于研究全面腐蚀。重量法测试应注意：平行样品的全面腐蚀速率应在 $\pm 10\%$ 范围内；实验面积计算精度应在 1% 以内；恒温温度应控制在 $\pm 1\,℃$ 左右；称量样品前后应干燥 24 h，以保证样品质量的稳定性。

2.1.3.2　电化学测试法

金属的电化学腐蚀包括阳极和阴极反应过程，因此研究缓蚀剂减缓金属腐蚀实质上是了解缓蚀剂对阳极和阴极反应的阻碍过程。电化学测试常采用金属腐蚀速率和缓蚀效率的方法评估金属的耐蚀性能。该方法具有快速、方便且可连续实时监测等优点。动电位极化（PDP）曲线和电化学阻抗谱（EIS）为常用的电化学测试方法[20]。

（1）动电位极化曲线

动电位极化曲线又称作塔费尔曲线。塔费尔曲线包括阳极氧化曲线和阴极还原曲线。在强极化区，当过电位大于 50 mV 时，过电位与电流密度呈线性关系。由强极化区外推阳极斜率和阴极斜率的延长线交于一点，可获得稳定状态下金属腐蚀的电流密度、平衡电位、阴极斜率和阳极斜率。相关参数可有效判断缓蚀剂的腐蚀倾向、金属表面全面腐蚀的速率以及缓蚀剂的耐蚀性能。

（2）电化学阻抗谱

电化学阻抗谱是指给电化学系统施加一个小振幅的交流电势波，并观察交流电势与响应的电流信号的比值（即测量电极的阻抗）随正弦交流信号的变化。将电极过程看作一个等效电路，等效电路的表征参数被用于分析电极过程中的动力学问题、双电层阻抗作用和扩散过程等。

2.1.4　碳量子点作为缓蚀剂的研究进展

碳量子点通常被定义为由含有羧基、羰基和羟基等含氧官能团的无定形石墨碳组成的类球状碳纳米颗粒，尺寸小于 10 nm。碳量子点因具有优异的光学性能、生物相容性、催化性能、体积小、无毒性和环保等优良特性，在生物医学、传感、催化、光电器件和润滑等领域得到了广泛的应用[21]。随着对碳量子点性能研究的深入，近年来碳量子点作为缓蚀剂的研究也如雨后春笋一般，蓬勃发展。

碳量子点的合成一般分为自上而下和自下而上两种方法。自上而下的方法包括电弧放电、激光蚀刻、电催化氧化和燃烧方法；自下而上的方法有溶剂热法、微波法、溶液化学法和模板法。水热/溶剂热法是将小分子分解、重组和聚合形成球形或椭圆形碳颗粒，因其操作简单、条件温和，成为许多研究人员合成碳量子点方法的最佳选择之一。当前不同类型掺杂碳量子点作为防腐材料已被逐渐开发出来。

2.1.4.1 碳量子点在酸性溶液中作为缓蚀剂

在天然气和石油工业中，酸化被用来去除金属管道内的腐蚀沉积物。由于该过程中会使用到酸性较强的溶液（HCl 和 H_2SO_4 等），因此通常会在酸化溶液中加入缓蚀剂以保护金属材料不受腐蚀破坏。目前有多种类型的缓蚀剂被选用，其中碳量子点缓蚀剂的缓蚀效率更高，对环境更友好。例如，Vandana 等[22] 合成了尺寸为 1.63～2 nm 的 N,S-CDs(CD1) 和 N-CDs(CD2)。结果表明，CD1 和 CD2 缓蚀剂在 100 mg/L 时的缓蚀效果分别为 96.40% 和 90.00%，且拟合得到的朗缪尔吸附等温线证实了所制备的碳量子点缓蚀剂的吸附类型为物理吸附，X 射线光电子能谱（XPS）结果也显示金属表面存在 CD1 和 CD2，而这也是碳量子点具有缓蚀作用的主要原因。Liu 等人介绍了三种氮掺杂碳量子点（N-CDs）缓蚀剂，并将其应用于酸性介质中的钢铁样品。结果表明，①浓度为 200 mg/L 的三种 N-CDs 的最大缓蚀效率分别为 94.23%（150 ℃）、97.43%（180 ℃）和 90.32%（210 ℃）；②氮元素以吡啶 N、吡咯 N 和石墨 N 的形式成功地掺杂到碳量子点中，提高了碳量子点的缓蚀性能；③模拟计算表明，N-CDs 因物理吸附和化学吸附共同作用，在金属界面形成了强吸附状态。Cui 等[23] 以一水柠檬酸（$CA \cdot H_2O$）和乙醇胺（EA）为前驱体，采用微波法合成了新型氮掺杂碳量子点（N-CDs）。电化学测试和失重测试均证明其具有良好的抑制作用。N-CDs 中吡咯 N 的存在是缓蚀剂起作用的主要原因，因为氮原子中的孤对电子成功与铁的空轨道进行了配位，使得 N-CDs 强烈地吸附在金属表面并形成保护膜，最大限度地将金属表面与腐蚀溶液隔离，达到阻止金属表面被腐蚀破坏的目的。

2.1.4.2 碳量子点在盐溶液中作为缓蚀剂

氯离子是一种具有腐蚀性的离子，它会吸附在金属表面，与金属反应形成腐蚀性沉积物。因此金属材料在盐溶液中通常很容易受到腐蚀作用。常见的含盐量较高的环境包括地下水、海水和原油。为解决金属材料在盐溶液中的腐蚀问题，研发环保型、高效、低成本的缓蚀剂是现代工业的重要任务之一。一些研究表明，碳量子点缓蚀剂在盐溶液中可以缓解金属材料的腐蚀。例如，Yang 等用咪唑改性了柠檬酸碳量子点，并研究了 IM-CDs 在 3.5%（质量分数）NaCl 溶液中对 Q235 钢的缓蚀性能。根据塔费尔曲线中未添加缓蚀剂的腐蚀电位比添加了缓蚀剂的更正，表明研究的碳量子点缓蚀剂是以抑制阴极氢的还原反应为主，且随着缓蚀剂浓度的提高和浸泡时间的增加，缓蚀剂的缓蚀能力在增强。吉布斯自由能值也说明碳量子点在盐溶液中是物理吸附和化学吸附共同作用的。Bao 等合成了氮掺杂碳量子点（N-CDs），再将其封装于 ZnO 纳米复合物中，得到 N-CD@ZnO MCs。选择 ZnO 纳米化合物是因为它具有独特的表面化学性质和较高的结构稳定性。这项研究探索了 N-CD@ZnO MCs 在 5%（质量分数）NaCl 溶液中的耐腐蚀性能。结果表明，封装在纳米多孔材料中的碳量子点缓蚀剂在腐蚀性盐溶液中具有良好的缓蚀性能。Ye 等[24] 进行了关于钢在含氮掺杂型碳量子点的 3.5%（质量分数）NaCl 溶液中的行为研究。结果显示因为缓蚀剂分子质子化，与金属表面发生静电相互作用形成了保护膜，阻隔了氯离子对金属的侵蚀，表现出了有效的缓蚀效果。

2.1.4.3　碳量子点作为微生物腐蚀的缓蚀剂

在天然气和石油工业中，微生物腐蚀是一个持续存在的问题。原油和天然气中的微生物在原油运输过程中会腐蚀金属管道内部。目前，化学方法、机械方法和物理清洗是几种防止金属材料发生微生物腐蚀的方法中最常用的。目前的研究表明，化学方法（如使用腐蚀抑制剂）相比其他方法效果更显著。例如，Sara 等建议使用铜纳米粒子掺杂碳量子点（Cu/CDs）作为防腐蚀剂，以防止微生物腐蚀。这项工作采用电化学方法（EIS 和PDP）研究了 Cu/CDs 在硫酸盐还原菌溶液中的防腐性能。结果表明，Cu/CDs 对 X60 钢在 50 mg/L 的硫酸盐还原菌溶液中是有效的抑菌剂。表面形貌结果也表明，Cu/CDs 在金属表面形成了生物膜，能有效地隔离金属表面与生物腐蚀溶液的接触，并杀灭硫酸盐还原菌。

2.1.4.4　碳量子点作为 CO_2 腐蚀的缓蚀剂

干燥的 CO_2 气体本身并不具有腐蚀性，但其可溶于水，溶于水后会对某些金属造成高度的腐蚀。由此产生的材料损失称为 CO_2 腐蚀。目前，有几种类型的缓蚀剂被用于阻止 CO_2 对材料的腐蚀。在这些缓蚀剂中，碳量子点缓蚀剂是一个趋势。例如，Li 等在 N80 钢处于含有饱和 CO_2 的3% NaCl 溶液中引入氮掺杂碳量子点（N-CDs）。之所以选择 N-CDs 缓蚀剂是因其具有非晶态固体结构、强亲水性、低毒性、光致发光和高水溶性。之后采用表面分析、失重和电化学等方法研究了其缓蚀性能。从观测数据中可以得到后续结论，①N-CDs 在腐蚀性介质中对 N80 钢具有较好的耐腐蚀性能；②缓蚀剂可吸附在金属表面形成保护膜，隔绝铁与氯离子。微观表面分析表明碳钢表面存在 N 元素。在 N-CDs 存在的情况下，拟合电路中电荷转移电阻在增大。吸附模型也进一步证明 N-CDs 中的孤对电子能与铁的空轨道配位，吸附在碳钢表面。Cen 等[25] 合成了 N,S-CDs，并研究了它们在饱和 CO_2 的 3.5% NaCl 中对钢铁的缓蚀性能。其中，N,S-CDs 中的氮原子、羟基和氨基等活性官能团支持了缓蚀剂在金属表面的化学吸附。而且这些官能团通过团聚形成疏水保护膜，再加上分子间作用力（包括氢键）、静电相互作用和固态反应结合力，使缓蚀剂与金属之间形成强吸附力。另外，金属表面与 N,S-CDs 之间通过 d 轨道与富电子氮原子之间的 p 电子迁移形成了配位键。

虽然掺杂碳量子点作为缓蚀剂的报道逐渐增多，但对不同条件下缓蚀剂的研究还很少，碳量子作为缓蚀剂的机理尚不清楚。因此，掺杂碳量子点作为缓蚀剂急需大量研究，缓蚀机理也亟待进一步探索。目前碳量子点作为缓蚀剂已成为研究的热点，但由于对其缓蚀性能和作用机理的认识还不清楚，当前依旧处在探索阶段。

2.2　纯碳量子点的制备与缓蚀性能

在腐蚀与防护领域，碳量子点作为缓蚀剂的相关研究受到广泛关注且已有大量报道，其合成方法也有许多[26]，如水热法、激光刻蚀法、微波法等。但这些方法普遍存在着合成产率低的问题，限制了碳量子点在各领域的发展。

2019 年，Cen 等报道了以 4-氨基水杨酸和硫脲为前驱体体系制备氮硫掺杂碳量子点的工作，并研究了其在 50 ℃、CO_2-饱和 3.5% NaCl 溶液中作为缓蚀剂对碳钢的缓蚀作用。结果表明，在高温条件下缓蚀剂浓度越低，缓蚀效果越好。并且碳量子点的氮和硫原子被化学吸附在金属表面，从而防止了电解液的腐蚀。随后 Cen 等又研究了已合成的 N,S-CDs 对 5052 Al 的缓蚀性能，结果证实 5 mg/L N,S-CDs 对 0.1 mol/L HCl 溶液中的 Al 的缓蚀性能达到 85%。Lv 等报道了以柠檬酸、二乙烯三胺和乌洛托品为前驱体合成 N-CDs，研究结果表明，该 N-CDs 在 60 ℃下对 N80 钢的缓蚀效率达到 81.2%。Qiang 等报道了以 4-氨基水杨酸为缓蚀剂合成的 N-CDs 抑制了铜在 0.5 mol/L H_2SO_4 溶液中的腐蚀行为。Ye 等以咪唑和柠檬酸为前驱体合成的功能化 F-CDs 对在酸性介质中的碳钢表现出优异的缓蚀性能，缓蚀效率可高达 90%。

2020 年，Liu 等研究了 Q235 钢在 1 mol/L HCl 介质中、在不同水热温度下，合成的氮掺杂碳量子点缓蚀剂对其的腐蚀防护能力。电化学测试表明，三种 N-CDs 的缓蚀效率均在 90％以上。Saraswa 等在 15％ HCl 溶液中证明了氮硫共掺杂（CD1）和氮掺杂（CD2）对低碳钢的缓蚀作用。结果表明，CD1 和 CD2 在 100 mg/L 时的缓蚀效率分别为 96.40％和 90.00％。Ye 等[24] 也相继制备了甲基丙烯酸和乙基（甲基）胺合成的氮掺杂碳量子点，并通过电化学测量和表面分析进一步研究了其缓蚀性能。结果表明，碳钢表面的腐蚀是通过氮掺杂碳量子点缓蚀剂与金属表面之间的物理和化学相互作用形成保护膜来抑制的。Ye 报道通过水热法合成的功能化 CDs 在 200 mg/L 时对碳钢的腐蚀显示出 94.0％的抑制效率。

2021 年，Cao 等研究发现以柠檬酸和硫脲合成的氮掺杂碳量子点在 0.5 mol/L H_2SO_4 溶液中对碳钢的缓蚀效率达 95％。Cen 等研究合成了功能化氧化石墨烯（FGO），通过失重实验、表面分析和电化学测试，研究了 FGO 在饱和 CO_2 的 NaCl 溶液中的缓蚀性能，结果表明 FGO 在 20 mg/L 时缓蚀效果达到极值 83.4％。Cui 等先后以柠檬酸和乙醇胺合成了 N-CDs 和使用柠檬酸和硫脲作为前驱体合成了 N,S-CDs。结果表明，N-CDs 对 Q235 钢的最高缓蚀效率为 89％，而当缓蚀剂 N,S-CDs 的浓度为 400 mg/L 时，Q235 钢在 1 mol/L HCl 溶液中的缓蚀效率高达 96.6％。Luo 课题组分别报道了采用丝氨酸合成的 N-CDs 和采用柠檬酸铵和甲硫氨酸合成的 N,S-CDs。结果表明，在 180 ℃下加热 1 h 合成的 N-CDs 缓蚀效率最佳（90％）；N,S-CDs 则表现出更优异的缓蚀性能，缓蚀效率最高可达 96％。Pan 等也相继报道了以 4-氨基水杨酸和 L-组氨酸合成了 N-CDs，失重实验结果表明，50 mg/L 的 N-CDs 对 Q235 钢的腐蚀抑制率为 93％。以 4-氨基水杨酸和硫脲作为氮源和硫源的前驱体合成 N,S-CDs，电化学实验结果表明，N,S-CDs 在 3.5％（质量分数）NaCl 溶液中对 Mg 合金的缓蚀效率为 86.6％。

基于此，侯红帅团队[27] 提出了一种在常温常压下低成本、高产率合成碳量子点化学氧化方法，并探索了其电化学储能性能。因此，在现有理论的基础上采用简单的化学氧化法能够成功合成高产率碳量子点，并利用傅里叶变换红外光谱、透射电镜、热重和 X 射线光电子能谱深入分析碳量子点的元素组成和结构特征，通过电化学测试和失重实验研究该种碳量子点对 Q235 碳钢的缓蚀性能。

2.2.1 制备

实验所使用的主要试剂为分析纯试剂，实验过程中使用的 Q235 碳钢的主要成分如下：0.17% 碳（C），0.18% 硅（Si），0.13% 锰（Mn），0.40% 磷（P），0.04% 硫（S），0.025% 铜（Cu），其余成分是铁（Fe）。

化学氧化法制备碳量子点（TDCA-CDs）的过程如图 2-1 所示。具体操作步骤如下：取 20.0 g 氢氧化钠缓慢加入装有 100 mL 乙醛的烧杯中，室温下均匀搅拌 2 h。之后向烧杯中加入 3 mL 的稀盐酸，继续搅拌直到反应完成。反应结束后抽滤，保留下层溶液，采用分子量为 1000 的透析袋透析 2 d，每 3 h 换一次水，以此除去未反应的反应物达到纯化目的。最后将透析过的溶液放在 65 ℃的鼓风炉中干燥 7 h，得深褐色粉末。

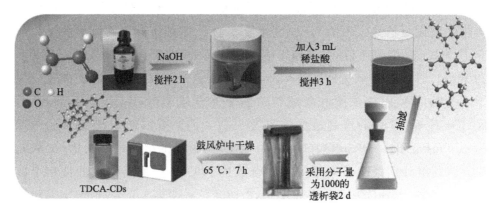

图 2-1 TDCA-CDs 合成过程

2.2.2 结构表征分析

TDCA-CDs 的红外光谱如图 2-2（a）所示。可以看到，TDCA-CDs 在 3349 cm^{-1}、2971 cm^{-1}、2925 cm^{-1}、1563 cm^{-1}、1380 cm^{-1} 和 1054 cm^{-1} 处有特征峰。3349 cm^{-1} 处的吸收峰对应—OH 的拉伸振动，2971 cm^{-1} 和 2925 cm^{-1} 的峰属于—CH— 的伸缩振动，1563 cm^{-1}、1380 cm^{-1} 和 1054 cm^{-1} 的峰分别对应—C=C—、—CH$_3$ 和—C=O 官能团，证明了含氧官能团的存在。图 2-2（b）探究了 TDCA-CDs 的热稳定性。从图中可以看出，TDCA-CDs 的热降解在 202～376 ℃和 661～689 ℃之间有两个主要降解步骤，质量损失分别为 38% 和 86%。其原因可能是有机副产物

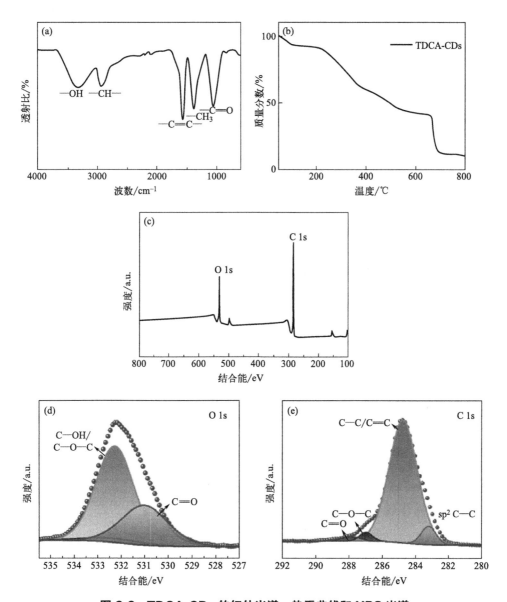

图 2-2　TDCA-CDs 的红外光谱、热重曲线和 XPS 光谱

（a）红外光谱（FTIR）；（b）热重曲线（TGA）；（c）XPS-(TDCA-CDs)；（d）XPS-O 1s；（e）XPS-C 1s

的分解和 TDCA-CDs 的完全分解。图 2-2(c)～(e) 提供了 TDCA-CDs 的 XPS 光谱图，通过高斯拟合得到 C 和 O 元素的特征光谱。通过拟合 C 1s 光谱，分别在 287.8 eV、286.9 eV、284.7 eV 和 283.2 eV 处得到四个峰，其结合能分别表示为 C=O、C—O—C、C—C/C=C 和 sp² C—C 单键。O 1s 光谱在 532 eV 和 530.6 eV 处有两个主峰,可视为 C—OH/C—O—C 和 C=O 键。XPS 光谱证实了 TDCA-CDs 含有丰富的碳原子和氧原子官能团,与 FTIR 光谱结果一致。

TDCA-CDs 的透射电镜(TEM)图像如图 2-3(a)和(b)所示,可以观察到 TDCA-CDs 呈现不均匀球形颗粒状,粒径在 10 nm 左右。图 2-3(c)和(d)是 TDCA-CDs 的原子力显微镜(AFM)图像,从图像可以看出 TDCA-CDs 尺寸在 0~40 nm 之间且分布均匀。TEM 和 AFM 结果一致,表明 TDCA-CDs 被成功制备。

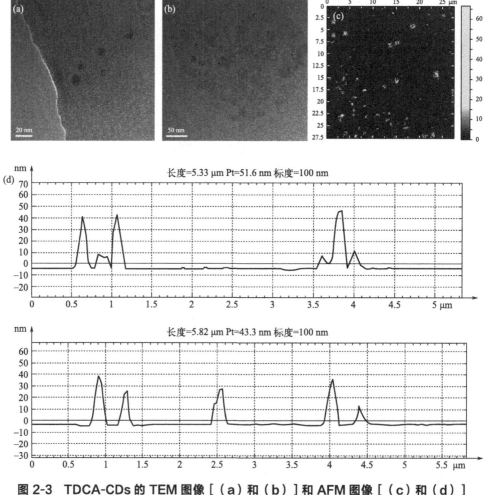

图 2-3 TDCA-CDs 的 TEM 图像[(a)和(b)]和 AFM 图像[(c)和(d)]

2.2.3 电化学分析

2.2.3.1 电化学阻抗谱

通过电化学测试研究 298 K 下 TDCA-CDs 缓蚀剂在 0.5 mol/L HCl 溶液中对 Q235 碳钢的缓蚀行为及机理。图 2-4 是 Q235 碳钢在不存在 TDCA-CDs 和存在不同浓度 TDCA-CDs 缓蚀剂的 0.5 mol/L HCl 溶液中的奈奎斯特（Nyquist）曲线、伯德（Bode）曲线和等效电路图模型。奈奎斯特曲线如图 2-4(a) 所示，阻抗弧特征相似，形状均为单一容抗弧，这表示电极界面的反应机制没有改变，添加 TDCA-CDs 缓蚀剂后的界面反应主要受到电荷转移控制。此外，阻抗弧的直径和高度随着 TDCA-CDs 浓度的增大在增大，表明碳钢表面与溶液之间形成了一层屏障膜，且随着 TDCA-CDs 浓度的增大，金属表面的屏障膜更致密，导致阻抗弧增加。图 2-4(b) 和（c）所示曲线分别为 10 mHz～100 kHz 的频率范围内的阻抗模量和相位角两条伯德曲线。阻抗模量值越高，说明金属表面的吸附膜越厚，致密性越好，缓蚀剂对金属腐蚀行为的抑制作用越明显。从图 2-4(b) 可以看出，从高频到低频，阻抗模量均呈现高频区上升、中频区趋于稳定的规律。同时，随着 TDCA-CDs 浓度的增加，阻抗模量也越高，这说明 TDCA-CDs 对碳钢腐蚀行为的抑制作用显著。图 2-4(c) 是对应的相位角图，从图中可以看出，无论有无添加 TDCA-CDs 缓蚀剂，相位角图中只显示一个峰值，这说明反应过程只有一个时间常数，进一步证明了加入 TDCA-CDs 并不会影响该腐蚀反应的反应机理。另外，中频区的峰值强度随 TDCA-CDs 浓度的增加而增加，说明金属表面与溶液之间存在剧烈的反应，而引入 TDCA-CDs 缓蚀剂增大了电极界面电容，增加了金属表面的吸附能力，从而达到了保护金属表面的目的。

通过图 2-4(d) 所示的拟合等效电路图拟合得到 EIS 拟合参数。等效电路模型中 R_s 是溶液电阻，R_p 代表极化电阻，CPE 表示恒定相位角元件，C_{dl} 为非理想电容，即电极表面双电层的电容值。CPE 的阻抗值可以根据式(2-1) 计算：

$$Z_{CPE} = Y_0^{-1}(i\omega)^{-n} \tag{2-1}$$

式中，ω、Y_0、i 和 n 分别表示 CPE 的角频率、振幅（考虑电容响应特性）、虚数单位和误差参数。当 n 值为 -1、0、0.5 和 1 时，CPE 可分别视为电感器、电阻器、沃巴格阻抗及电容器。表 2-1 中 χ^2 代表拟合度。

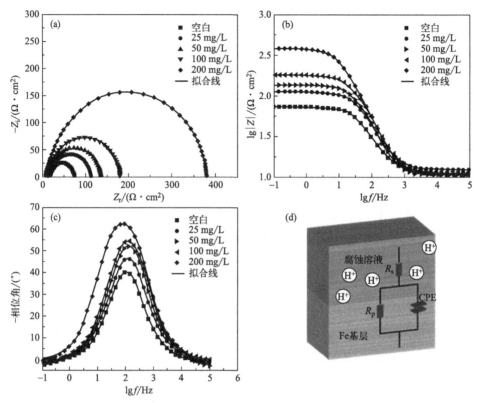

图 2-4　Q235 碳钢在 298 K 不同浓度测试溶液中的奈奎斯特曲线（a）、
伯德曲线［（b）和（c）］以及拟合等效电路图模型（d）

此外，C_{dl} 可由式（2-2）计算：

$$C_{dl} = Y_0(2\pi f)^{n-1} \qquad (2\text{-}2)$$

式中，f 为电化学阻抗谱图虚部最大值处的频率；n 值反映了金属表面的粗糙度。从表 2-1 可以看出，空白溶液的 n 值高于添加缓蚀剂后的 n 值。这表示未添加缓蚀剂时金属表面受到的是均匀腐蚀，而添加缓蚀剂后由于缓蚀剂吸附在金属表面，金属表面的均匀性降低。添加了不同浓度 TDCA-CDs 下的溶液电阻值 R_s 波动不大，但极化电阻值 R_p 随着 TDCA-CDs 浓度的增加在增大，表明碳钢表面覆盖了一层致密而有效的保护膜。而 C_{dl} 值的变化与 R_p 值相反，原因则是碳钢与溶液界面处的腐蚀介质逐步被 TDCA-CDs 取代。C_{dl} 的值还可以根据亥姆霍兹模型公式（2-3）计算：

$$C_{dl} = \frac{\varepsilon\varepsilon^0}{d}S \qquad (2\text{-}3)$$

式中，ε^0、ε 分别代表真空介电常数和介电常数；S 表示电极暴露的有效面积；d 是双电层的厚度，值可变。从亥姆霍兹模型公式可以看出 C_{dl} 值与 d 值呈反比。表 2-1 中随着 TDCA-CDs 浓度的增大，相对于空白溶液组 C_{dl} 值总体上在减小，这是因为金属暴露的有效面积和介电常数在减小，双电层厚度在增大，导致 C_{dl} 值减小。根据式（2-4）可计算出缓蚀效率 η_{EIS}：

$$\eta_{EIS} = \frac{R_p - R_p^0}{R_p} \tag{2-4}$$

式中，R_p 和 R_p^0 分别表示 0.5 mol/L HCl 溶液中添加了缓蚀剂和未添加缓蚀剂时的极化电阻。代入相关数据计算，当 TDCA-CDs 为 200 mg/L 时，缓蚀效率可达 83.6%。结果表明，制备的 TDCA-CDs 对 Q235 碳钢具有良好的缓蚀性能。

表 2-1　Q235 碳钢在有无 TDCA-CDs 的 0.5 mol/L HCl 溶液中的拟合阻抗参数

缓蚀剂	C /(mg/L)	R_s /($\Omega \cdot cm^2$)	Y_0 /(10^{-5} S·s^n·cm^{-2})	粗糙度 n	C_{dl} /(μF /cm^2)	R_p /($\Omega \cdot cm^2$)	χ^2 /10^{-4}	θ[①]	η_{EIS}/%
空白组	0	11.84	11.15	0.9044	65.80	61.08	24.29	—	—
TDCA-CDs	25	11.99	7.839	0.8924	43.70	100.2	6.135	0.390	39.0
	50	10.27	6.924	0.9020	41.31	124.5	8.555	0.509	50.9
	100	10.89	5.880	0.8978	34.77	168.4	8.433	0.637	63.7
	200	10.23	6.198	0.8939	39.64	373.3	7.930	0.836	83.6

① θ 表示金属表面覆盖率。

2.2.3.2　动电位极化曲线

为了进一步研究 TDCA-CDs 缓蚀剂对 Q235 碳钢的缓蚀性能，用动电位极化法监测金属腐蚀反应过程中的阳极和阴极反应。Q235 碳钢在不存在和存在不同浓度 TDCA-CDs 的 0.5 mol/L HCl 溶液中的塔费尔曲线（Tafel）如图 2-5 所示。对应的动态电位极化参数如腐蚀电流密度 i_{corr}、腐蚀电位 E_{corr}、阴极极化曲线斜率 β_c、阳极极化曲线斜率 β_a 和缓蚀效率 η_{Tafel} 等如表 2-2 所示。式（2-5）用于计算金属表面覆盖率，式（2-6）用于计算缓蚀效率：

$$\theta = \frac{i_{corr}^{0} - i'_{corr}}{i_{corr}^{0}} \tag{2-5}$$

$$\eta_{Tafel} = \frac{i_{corr}^{0} - i'_{corr}}{i_{corr}^{0}} \tag{2-6}$$

式中，i_{corr}^{0} 和 i'_{corr} 分别表示碳钢在不存在和存在 TDCA-CDs 的 0.5 mol/L HCl 溶液中的腐蚀电流密度。

从图 2-5 可以看出，随着 TDCA-CDs 含量的增加，腐蚀电流密度整体呈现下降趋势，腐蚀电位均朝着正方向移动，说明 TDCA-CDs 的加入有效抑制了阳极腐蚀反应的进行，达到了减缓碳钢腐蚀的目的。缓蚀剂分为阴极缓蚀剂、阳极缓蚀剂和混合型缓蚀剂，金属样品可通过与空白组样品对比 E_{corr} 值的变化来判断。一般 E_{corr} 值的位移小于 85 mV，可归类为混合型缓蚀剂，位移大于 85 mV 则分为阴极型缓蚀剂或阳极型缓蚀剂。表 2-2 中，添加了 100 mg/L TDCA-CDs 缓蚀剂的 E_{corr} 值相比空白组的位移降低了 22 mV，表明 TDCA-CDs 属于混合型缓蚀剂。同时，与空白溶液相比，不同浓度 TDCA-CDs 下的 β_a 和 β_c 均发生了显著变化。而 β_a 的变化大于 β_c，即电化学过程主要倾向于抑制阳极反应，这归因于 TDCA-CDs 吸附在阳极活性部位影响了碳钢的溶解反应。根据表 2-2 的数据，还可以观察到 θ 和 η 值随着 TDCA-CDs 浓度的增加而增大，i_{corr} 最低为 34.55 $\mu A/cm^2$，在 TDCA-CDs 浓度为 200 mg/L 时，缓蚀效率达到 87.1%。这些都证实了 TDCA-CDs 吸附在碳钢表面形成了阻隔膜，有效抑制了碳钢的腐蚀反应。

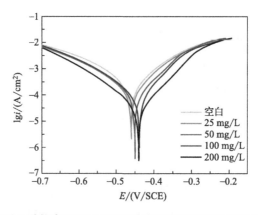

图 2-5　Q235 碳钢在 298 K 不同浓度测试溶液中的动电位极化曲线

表 2-2 Q235 碳钢在有无 TDCA-CDs 的 0.5 mol/L HCl 溶液中动电位极化曲线参数

缓蚀剂	$C/(mg/L)$	E_{corr} /(V/SCE)	i_{corr} /($\mu A/cm^2$)	β_a	β_c	θ	η_{Tafel}/%
对照组	0	−0.460	268.6	8.8230	7.3820	—	—
TDCA-CDs	25	−0.459	148.2	11.034	8.2850	0.448	44.8
	50	−0.450	102.3	12.272	9.1650	0.619	61.9
	100	−0.438	81.23	13.950	9.1760	0.697	69.7
	200	−0.440	34.55	13.506	10.095	0.871	87.1

2.2.4 失重分析

以上电化学实验表明，添加 200 mg/L 的 TDCA-CDs 有效抑制了碳钢在 0.5 mol/L HCl 溶液中的腐蚀。为进一步研究 Q235 碳钢在有无 TDCA-CDs 的 0.5 mol/L HCl 溶液中的缓蚀效率和腐蚀速率，进行了失重测试。将 Q235 碳钢浸入无 TDCA-CDs 和有不同浓度 TDCA-CDs 的 0.5 mol/L HCl 盐酸溶液中 72 h，详细结果见图 2-6 和表 2-3。

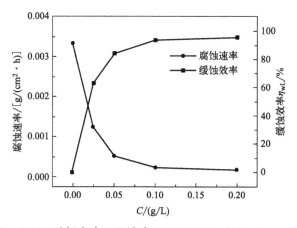

图 2-6 Q235 碳钢在含不同浓度 TDCA-CDs 的 0.5 mol/L HCl
溶液中浸泡 72 h 的腐蚀速率和缓蚀效率

腐蚀速率 C_R 和缓蚀效率 η_{wL} 根据式（2-7）和式（2-8）计算：

$$C_R = \frac{\Delta m}{At} \tag{2-7}$$

$$\eta_{wL} = \frac{C_R^0 - C_R^1}{C_R^0} \qquad (2-8)$$

式中，Δm 代表平均失重量；A 是碳钢表面积；t 是浸泡时间；C_R^0、C_R^1 分别表示不存在和存在缓蚀剂时的腐蚀速率。相比空白组，添加 TD-CA-CDs 缓蚀剂后，碳钢在腐蚀介质中的腐蚀速率明显降低，TDCA-CDs 浓度为 50 mg/L 时，腐蚀速率降低了一个数量级。而随着 TDCA-CDs 浓度的增大，腐蚀速率整体呈现降低趋势，说明 TDCA-CDs 的加入有效抑制了碳钢腐蚀的过程。同时图 2-6 和表 2-3 的数据均显示，当 TDCA-CDs 浓度在 200 mg/L 时，腐蚀速率最低，缓蚀效率最高，缓蚀效率达到了 95.3%。

表 2-3　Q235 碳钢在有无 TDCA-CDs 的 0.5 mol/L HCl 溶液中的腐蚀速率和缓蚀效率

$C/(mg/L)$	m_0/g	m_1/g	$C_R/[g/(cm^2 \cdot h)]$	$\eta_{wL}/\%$
对照组	0.8695	0.5234	4.0×10^{-3}	—
25	0.8695	0.7416	1.5×10^{-3}	63.1
50	0.8695	0.8153	6.3×10^{-4}	84.3
100	0.8695	0.8471	2.6×10^{-4}	93.5
200	0.8695	0.8534	1.9×10^{-4}	95.3

注：m_0 和 m_1 代表测试前后碳钢的质量。

2.2.5　表面分析

Q235 碳钢在不同测试环境中浸泡 6 h 后的扫描电子显微镜（SEM）图像和能量散射（EDS）谱图如图 2-7 所示。抛光处理后的碳钢表面的 SEM 图中［图 2-7(a)］未发现明显的表面覆盖物和腐蚀坑。室温下在 0.5 mol/L HCl 溶液中浸泡 6 h 后的碳钢表面［图 2-7(b)］在腐蚀性离子的包围下受到严重侵蚀，表面出现严重的裂纹，并附着了大量的腐蚀沉积物（主要是 Fe）。图 2-7(c) 是浸泡在含有 200 mg/L TDCA-CDs 的空白溶液中，可以明显观察到碳钢表面被一层致密的吸附膜覆盖，只有少量的点蚀，表面更加光滑平整，证实了 TDCA-CDs 具有一定的缓蚀作用。另外，EDS 光谱用于分析碳钢表面的元素组成。抛光处理后的碳钢表面的 EDS ［图 2-7(d)］中组成元素主要是 C 元素和 Fe 元素，O 元素和 Cl⁻ 含量微乎其微。0.5 mol/L HCl 溶液中浸泡 6 h 后的碳钢表面［图 2-7(e)］Fe 元素分布密度显著降低，Cl⁻ 含量明显增加，表面大量的腐蚀沉积物主要为氯

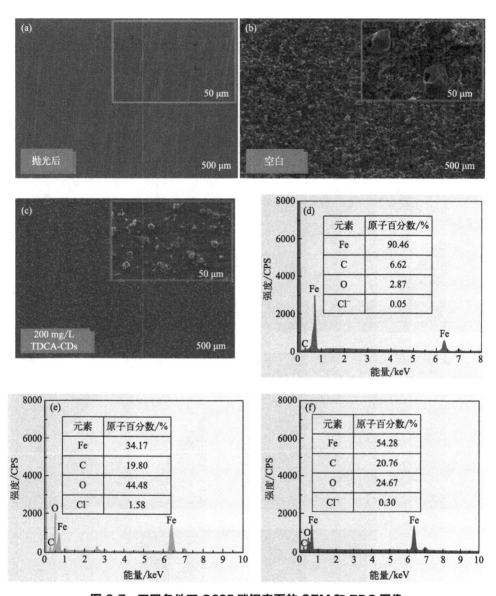

图 2-7 不同条件下 Q235 碳钢表面的 SEM 和 EDS 图像

（a）（d）抛光后；（b）（e）空白溶液；（c）（f）含有 200 mg/L TDCA-CDs 的 0.5 mol/L HCl 溶液

化铁和氧化铁产物。相反，浸泡在含有 200 mg/L TDCA-CDs 的 0.5 mol/L HCl 溶液的碳钢表面 EDS 谱图［图 2-7(f)］中，C 元素的分布密度增加，而 O 和 Cl 元素的分布密度显著降低，这是由于 TDCA-CDs 成功吸附在碳钢表面，减少了碳钢与溶液中 O 元素和 Cl⁻ 的接触，对碳钢起到了保护作用。这些数据与 XPS 数据一致，证明了 TDCA-CDs 具有丰富的含氧官能团，进一步验证了 TDCA-CDs 对碳钢的缓蚀作用。

Q235 碳钢在各种环境中浸泡 72 h 后的表面粗糙度如图 2-8 所示。室温下在 0.5 mol/L HCl 溶液中浸泡 72 h 后的碳钢［图 2-8(a)］表面粗糙度最高，达到 4.036 μm。当添加 TDCA-CDs 的浓度为 25 mg/L、50 mg/L、100 mg/L 和 200 mg/L 时［图 2-8(b)～(e)］，表面粗糙度分别为 1.698 μm、0.806 μm、0.480 μm 和 0.419 μm。表面粗糙度值随 TDCA-CDs 含量的增

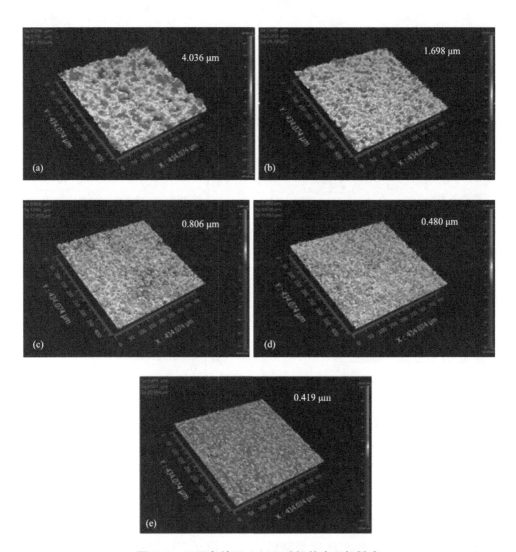

图 2-8　不同条件下 Q235 碳钢的表面粗糙度

(a) 无 TDCA-CDs 的 HCl 溶液；(b) 25 mg/L TDCA-CDs；(c) 50 mg/L TDCA-CDs；
(d) 100 mg/L TDCA-CDs；(e) 200 mg/L TDCA-CDs

加呈减小趋势，表明缓蚀剂的加入减缓了 Fe 的溶解反应，这种变化的原因归结于 TDCA-CDs 在碳钢表面吸附成膜，减弱了金属的腐蚀。

2.2.6　吸附类型分析

如前文所述，TDCA-CDs 可以有效降低碳钢在盐酸中的腐蚀速率。此外，金属表面形成保护膜是缓解金属腐蚀的主要原因。为了进一步了解 TDCA-CDs 的吸附类型，根据 EIS 数据拟合得到朗缪尔吸附等温线，如图 2-9 所示。吸附等温线由式（2-9）给出：

$$\frac{C}{\theta} = \frac{1}{K_{\mathrm{ads}}} + C \qquad (2\text{-}9)$$

式中，θ 为表面覆盖度；C 为缓蚀剂浓度；K_{ads} 为吸附平衡常数。根据 EIS 数据计算拟合得到 C/θ 与 C 关系曲线（图 2-9），分析得到相关系数 R^2 值为 0.9961，接近 1，表明实验数据和拟合曲线之间具有良好的线性相关性，并且 TDCA-CDs 在 Q235 碳钢表面的吸附行为符合朗缪尔吸附模型。计算得到 K_{ads} 值为 0.032 L/mg。标准吉布斯自由能（$\Delta G^{\ominus}_{\mathrm{ads}}$）根据式（2-10）计算：

$$\Delta G^{\ominus}_{\mathrm{ads}} = -RT\ln(1000\ K_{\mathrm{ads}}) \qquad (2\text{-}10)$$

式中，T 是吸附温度，298 K；R 代表摩尔气体常数，8.314 J/(mol·K)。因为 K_{ads} 的测量单位是 L/g，所以式中水的浓度用 1000 g/L 代替 55.5 mol/L。

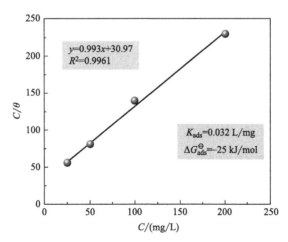

图 2-9　Q235 碳钢表面的朗缪尔吸附等温线

一般来说可以根据 $\Delta G_{ads}^{\ominus}$ 的值判断 TDCA-CDs 的吸附类型。如果 $\Delta G_{ads}^{\ominus} \geqslant -20$ kJ/mol，则认为只存在由于分子间作用力的物理吸附。如果 $\Delta G_{ads}^{\ominus} \leqslant -40$ kJ/mol，则认为存在分子间化学键作用的化学吸附。如果 -40 kJ/mol$<\Delta G_{ads}^{\ominus}<-20$ kJ/mol，说明金属与缓蚀剂之间不是单一吸附作用，而是既存在物理吸附，也存在化学吸附。通过计算，TDCA-CDs 缓蚀剂的 $\Delta G_{ads}^{\ominus}$ 值是 -25 kJ/mol，这意味着 TDCA-CDs 与碳钢之间是包含两种吸附作用的，既存在物理吸附，又存在化学吸附。

2.2.7　缓蚀机理分析

根据上述讨论，提出了 TDCA-CDs 缓蚀剂与 Q235 碳钢的缓蚀机理图，如图 2-10 所示。根据吸附类型分析，TDCA-CDs 与 Q235 碳钢之间符合朗缪尔吸附模型，且物理吸附和化学吸附同时存在。也就是说碳钢表面的吸附膜本质上是 TDCA-CDs 缓蚀剂与金属之间的物理化学吸附[28]。TDCA-CDs 化合物中碳原子的孤对电子容易与 Fe 原子中未被占据的 3d 空轨道配位，而 Fe 原子中含有电子的未成键轨道也可以与 TDCA-CDs 中的空轨道反配位形成配位键，进而形成稳定的螯合物。此外，TDCA-CDs 化合物与 Q235 碳钢表面的金属离子之间存在静电引力，使 TDCA-CDs 在金属的表面进一步聚集，这种聚集增加了 TDCA-CDs 在碳钢表面的覆盖面积，减小了 Q235 碳钢暴露在腐蚀介质中的面积，有效地降低了腐蚀离子对金属表面的破坏，达到保护金属的目的。总之，化学氧化合成的 TDCA-CDs 缓蚀剂对 Q235 碳钢具有较强的保护作用，是一种良好的缓蚀剂。

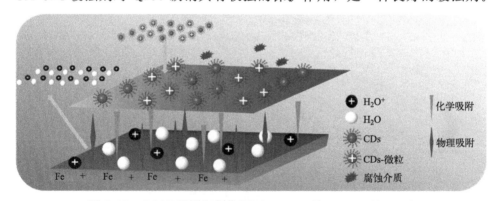

**图 2-10　Q235 碳钢在存在 TDCA-CDs 的 0.5 mol/L HCl
溶液中表面的缓蚀机理示意图**

2.3 小结

本研究以现有理论为基础，系统研究了 TDCA-CDs 缓蚀剂的高收益氧化合成工艺、微观结构特征和对 Q235 碳钢的缓蚀性能。为后面氮硫掺杂型碳量子点的制备和缓蚀行为研究提供了新的思路，并提出了 TDCA-CDs 缓蚀机理。主要结论如下。

① 失重测试结果表明，TDCA-CDs 缓蚀效率可达 95.3%，且 TDCA-CDs 的缓蚀效率随着缓蚀剂浓度的增加而增大。

② 电化学阻抗谱和动电位极化曲线表明，TDCA-CDs 为混合型缓蚀剂，以抑制阳极腐蚀反应为主。TDCA-CDs 可吸附在 Q235 碳钢表面形成吸附膜，防止电荷转移，起到保护碳钢的作用。电化学测试的缓蚀效率可达 87.1%。

③ EDS 数据显示 Q235 碳钢表面存在 TDCA-CDs 缓蚀剂，吸附等温线也证实该缓蚀剂遵循朗缪尔吸附模型，这与电化学分析结论一致。

第3章

氮掺杂碳量子点的腐蚀防护

3.1 氮掺杂碳量子点的制备及缓蚀性能

碳纳米材料作为一种来源广泛、价格低廉、绿色环保的材料，近年来被应用于金属防护研究中。其中碳量子点表面及边缘通常含有大量羟基、羧基及含氧极性官能团，这些极性官能团可通过其作为活性位点在金属表面产生吸附作用[29]。因此碳量子点被选择作为缓蚀剂。但碳量子点中仅含含氧极性官能团时，其缓蚀效果一般不佳。通常采取对其表面及边缘的官能团进行功能化，使其掺杂氮、硫、磷和硼等杂原子以增强锚定位点，进而加强对碳钢表面的吸附作用。碳钢表面主要发生电化学腐蚀，在酸性条件下主要以铁的阳极氧化和氢离子的还原反应为主。功能化碳量子点能够增加碳量子点的曲面性和给电子力或接收电子能力，使得碳量子点能够通过锚定吸附作用在金属表面聚集形成缓蚀性界面膜，以改变金属基底与腐蚀介质间的双电层结构，阻挡腐蚀性离子的攻击，这是合成掺杂型碳量子点的前提条件。

以柠檬酸（CA）作为碳源，采用水热法合成的碳量子点被广泛应用于不同的领域，如生物影像、pH 传感器和光电子器件等。选择常使用的柠檬酸作为碳源前驱体，同时选择含氮量较高且分子链短的乙二胺作为氮源前驱体，通过水热法合成氮掺杂型碳量子点，并利用红外光谱、紫外可见光谱、XPS 光谱、X 射线衍射（XRD）谱图和透射电镜（TEM）测试对其结构进行多方位的深入探究。为研究缓蚀剂对 Q235 碳钢的缓蚀性能，分别进行电化学实验和表面分析测试。

3.1.1 制备

实验中使用的柠檬酸和乙二胺的分子结构式如图 3-1 所示。柠檬酸和乙二胺的纯度大于 99%，使用时未进行进一步纯化。脂肪族氮掺杂碳量子点（EDAN-CDs）的制备过程如图 3-2 所示。详细步骤如下：取 6.3010 g（30 mmol）的柠檬酸和 2 mL（30 mmol）的乙二胺溶解于 60 mL 的去离子水中。随后将均匀混合后的溶液添加至 100 mL 的聚四氟乙烯的反应釜中，在恒温 200 ℃的烘箱中加热 5 h，反应结束后冷却至室温取出反应釜。去除杂质过程如下：依次利用 0.45 μm 和 0.22 μm 的微孔过滤膜除去反应液中的大颗粒物质，采用平均分子截留量为 1000 的透析袋透析 24 h，分离未反应的反应物进行纯化，为除去大量水分使其透析液在 60 ℃下减压蒸馏。最后浓缩后溶液冷冻干燥 2 d，获得疏松多孔的棕色固体。为初步判定氮掺杂碳量子点的生成，将其水溶液分别置于太阳光和 365 nm 波长的紫外光下，可观察到在太阳光下其为澄清的橙黄色溶液，而在紫外光下则表现为具有荧光性的亮绿色溶液。

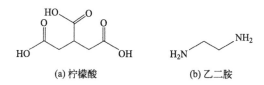

(a) 柠檬酸   (b) 乙二胺

图 3-1　柠檬酸和乙二胺的分子结构式

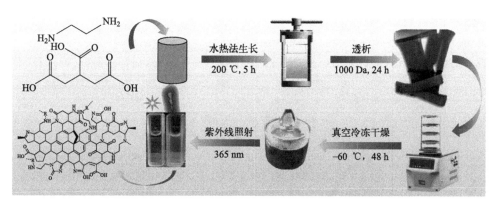

图 3-2　脂肪族氮掺杂碳量子点的制备过程

3.1.2　结构表征分析

3.1.2.1　结构分析

图 3-3 显示了 EDAN-CDs 的紫外可见吸收光谱（UV-vis）、红外光谱和 XPS 光谱。EDAN-CDs 的 UV-vis 光谱如图 3-3（a）所示。由图可知，EDAN-CDs 在 241 nm 和 338 nm 波长处具有吸收特征峰。由此可知，241 nm 的吸收峰是因 EDAN-CDs 中含有共轭结构并发生了 π-π* 跃迁产生的，而 338 nm 的吸收峰对应 EDAN-CDs 含有 C=N 键而引起的 n-π* 电子转变[30]。图 3-3（b）分别展示了 CA 和 EDAN-CDs 的红外光谱。由 CA 的红外光谱可知，在特征峰为 3337 cm^{-1}、1699 cm^{-1}、1411 cm^{-1} 和 1210 cm^{-1} 处分别对应—OH 的伸缩振动、C=O 的伸缩振动、—CH$_2$ 的剪切振动和 C—

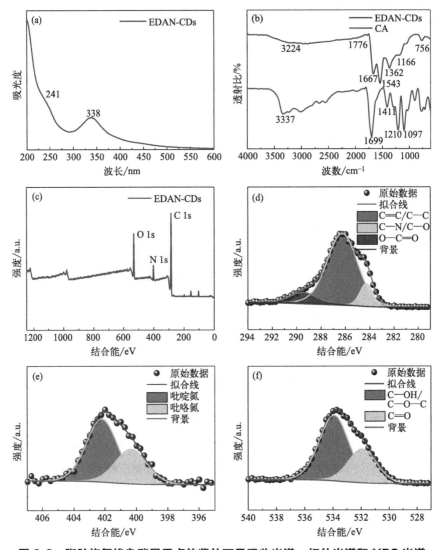

图 3-3 脂肪族氮掺杂碳量子点的紫外可见吸收光谱、红外光谱和 XPS 光谱

（a）紫外可见吸收光谱；（b）红外光谱；（c）XPS-(EDAN-CDs)；（d）XPS-C 1s；

（e）XPS-N 1s；（f）XPS-O 1s

OH 的伸缩振动。然而对于 EDAN-CDs，可以观察到其分别在 1667 cm^{-1}、1543 cm^{-1}、1362 cm^{-1} 和 756 cm^{-1} 处存在特征峰。1667 cm^{-1} 和 1543 cm^{-1} 可看作—CONH—键的酰胺 I 带和酰胺 II 带的伸缩振动，同时 1362 cm^{-1} 和 756 cm^{-1} 为—CH 的剪切振动和苯环中—CH 平面外的弯曲振动。通过前驱体柠檬酸和 EDAN-CDs 的红外光谱对比可知，EDAN-CDs 中含有酰胺结构和苯环官能团，结合紫外可见吸收光谱表明 EDAN-CDs 被成功地制备。

图 3-3(c) 为 EDAN-CDs 的 XPS 元素含量的总谱，由图可知 EDAN-CDs 是由碳（C）、氮（N）和氧（O）三种元素组成的。图 3-3(d)～(f) 分别为通过高斯拟合得到的 EDAN-CDs 中每种元素的精细光谱。通过 C 1s 光谱拟合，分别在 284.28 eV、286.26 eV 和 289.63 eV 处得到三个峰，可分别看作 C=C/C—C 键、C—N/C—O 键和 O—C=O 键。N 1s 光谱拟合后得到 400.28 eV 和 402.23 eV 两个峰，它们分别匹配吡啶氮以及吡咯氮的共价键。O 1s 光谱拟合后得到 521.88 eV 和 532.93 eV 两个峰，可视为 C—OH/C—O—C 和 C=O 共价键。由 N 1s 光谱显示，EDAN-CDs 中有含氮杂环结构形成，这与 UV-vis 和 FTIR 光谱的结果一致，则表明前驱体通过水热法成功地合成了氮掺杂碳量子点。并且 EDAN-CDs 的结构中有丰富的含氮和氧原子官能团，得以使其水溶性增强。

3.1.2.2 形貌分析

EDAN-CDs 的 XRD 谱图如图 3-4(a) 所示。根据标准衍射卡（PDF）查询可知，EDAN-CDs 的衍射峰为 $2\theta = 24.076°$，晶格间距为 0.369 nm，对应氮氧化物石墨烯的晶面（003）[31]。图 3-4(b) 显示了 EDAN-CDs 的 TEM 图像。观察 EDAN-CDs 的 TEM 图像可知，其呈现出不均匀的球形和椭圆形特征，尺寸为 6～8 nm。由以上现象可知，EDAN-CDs 是一种氮氧掺杂的碳量子点，具有类石墨烯结构。

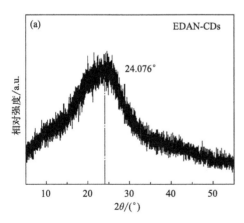
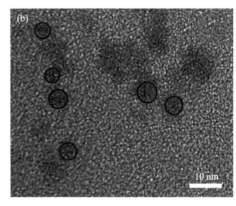

图 3-4　脂肪族氮掺杂碳量子点

（a）XRD 谱图；（b）TEM 图像

3.1.3　电化学分析

3.1.3.1　奈奎斯特曲线（Nyquist）和伯德（Bode）曲线

　　为了研究在 298 K 下缓蚀剂 EDAN-CDs 在 1 mol/L 盐酸溶液中对 Q235 碳钢的缓蚀作用和机理，通过电化学测试得到图 3-5 的奈奎斯特曲线和伯德曲线。如奈奎斯特曲线所示，当添加缓蚀剂后，其阻抗弧的直径相对于空白溶液的直径明显增大。而当仅添加前驱体 CA 时，阻抗弧直径相对于空白溶液的直径稍有增加。除此之外，由图 3-5（a）可知，随着 EDAN-CDs 浓度的增加，阻抗弧的直径和电容弧的高度会随着浓度的增加而增加。由此间接表明，当 1 mol/L 盐酸溶液中含有 EDAN-CDs 时，金属表面与溶液之间形成了一层稀疏薄弱的阻碍膜，而随着 EDAN-CDs 浓度的增加，保护膜变得更加致密，以至于容抗值增加。图 3-5（b）为伯德图，包含了在频率 $10^{-2}\sim10^{5}$ Hz 范围内的阻抗模量和相位角两条曲线。由阻抗模量曲线可知从高频到低频，阻抗模量呈现上升趋势而中频区后趋于稳定。这表明中频区域的阻抗模量显示了整个反应过程。由此可知当阻抗模量值越高，对腐蚀行为的抑制作用越显著。由相位角曲线可知无论是否添加缓蚀剂，相位角图中只有一个峰，表明在 Q235 碳钢的腐蚀过程中只有一个时间常数，且添加缓蚀剂不会改变腐蚀反应过程[32]。同时由图可知，相位角曲线中频区的峰值随着缓蚀剂浓度的增加而增加。由以上结果表明，当盐酸溶液中引入缓蚀剂 EDAN-CDs 时增大了电极界面的电容，

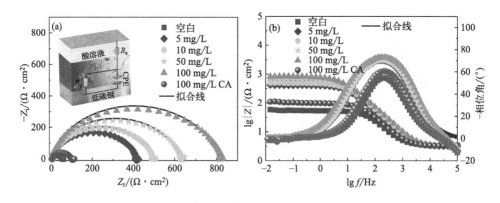

图 3-5　Q235 碳钢在含不同浓度的脂肪族氮掺杂碳量子点的 1 mol/L 盐酸溶液中的奈奎斯特曲线（a）和伯德曲线（b）

（插图为等效电路图）

意味着缓蚀剂在碳钢表面形成了保护膜，且浓度增加有效增强了金属表面的吸附能力。

根据相位角曲线可知，碳钢在有无 EDAN-CDs 的 1 mol/L 盐酸溶液中的腐蚀过程仅包含一个时间常数，因此通过拟合等效电路图 [图 3-5(a) 的插图] 可以得到 EIS 的数据。在等效电路中，R_s 代表溶液电阻，R_p 为极化电阻，CPE 为相位角元件，C_{dl} 表示非理想电容，即电极界面处双电层的电容值。CPE 的阻抗值[33] 可以通过式(2-1) 计算获得。

C_{dl} 可以根据式(3-1)[34] 得到：

$$C_{dl} = (Y_0 R_p^{1-n})^{\frac{1}{n}} \tag{3-1}$$

式中，R_p 为奈奎斯特曲线中的极化电阻；n 表示 Q235 碳钢表面的均匀度。从表 3-1 中 n 值的变化趋势可以看出，空白溶液的 n 值高于添加了缓蚀剂的值。由此说明空白溶液浸没的情况下 Q235 碳钢表面腐蚀相对均匀，当金属表面被缓蚀剂吸附时，表面相对不均匀，降低了表面均匀度。另外由表 3-1 可知，添加缓蚀剂前后溶液的 R_s 没有明显变化，而随着 EDAN-CDs 浓度的增加，R_p 值显著增加，C_{dl} 明显下降。由此表明由于缓蚀剂的吸附，在金属表面形成了一层保护膜。此外由亥姆霍兹模型方程式(2-3) 计算可得出 C_{dl} 值。

表 3-1　Q235 碳钢在不同浓度的 EDAN-CDs 的 1 mol/L 盐酸溶液中的拟合阻抗参数

组别	c /(mg/L)	R_s /($\Omega \cdot$ cm^2)	Y_0 /(10^{-6} S $\cdot$ s$^n \cdot$ cm^{-2})	粗糙度 n	C_{dl} /(μF /cm^2)	R_p /($\Omega \cdot$ cm^2)	χ^2 /10^{-3}	θ	η_{EIS}/%
对照组	0	2.34	119.1	0.90	69.7	50.8	2.93	—	—
EDAN-CDs	5	3.22	60.3	0.89	38.7	409.8	2.31	0.876	87.6
	10	3.36	53.9	0.89	34.3	488.9	2.12	0.896	89.6
	50	3.17	49.9	0.88	31.7	619.1	3.25	0.918	91.8
	100	3.12	47.6	0.89	31.2	806.3	3.45	0.937	93.7
CA	100	3.23	97.5	0.89	54.7	97.9	3.19	0.481	48.1

表 3-1 中 C_{dl} 的值随着 EDAN-CDs 的添加，其值相对于空白溶液和 CA 的双电层电容值呈现下降趋势。由此直接说明 EDAN-CDs 的引入使其双电层厚度增加，即表明金属表面的吸附膜会随着缓蚀剂浓度的增加而增厚，进而其缓蚀效率 η_{EIS} 增高。缓蚀效率 η_{EIS} 可由式(3-2) 确定：

$$\eta_{EIS} = \frac{R_p - R_p^0}{R_p^0} \times 100\% \qquad (3-2)$$

式中，R_p 和 R_p^0 分别是在 1 mol/L 盐酸溶液中有和没有缓蚀剂的极化电阻。由表可知当 CA 的浓度为 100 mg/L 时，缓蚀效率为 48.1％；而 EDAN-CDs 的浓度为 100 mg/L 时，缓蚀效率提高到 93.7％。因此 EDAN-CDs 在 1 mol/L HCl 溶液中对 Q235 碳钢表面的缓蚀效果优于 CA，且具有优异的缓蚀性能。

3.1.3.2 动电位极化曲线分析

Q235 碳钢在未添加和添加 EDAN-CDs 时的动电位极化曲线如图 3-6 所示。同时，动电位极化曲线的相关参数见表 3-2。E_{corr} 和 i_{corr} 分别为腐蚀电位和腐蚀电流密度，β_a 和 β_b 分别是与交点相切的阳极极化曲线和阴极极化曲线的相对斜率。θ 表示金属表面覆盖率，缓蚀效率用 η_{Tafel} 表示。动电位极化曲线数据可以从式(2-5) 和式(2-6) 中导出。

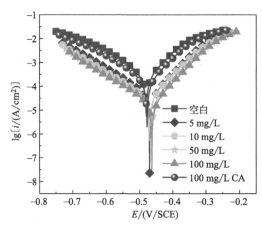

图 3-6　Q235 碳钢在含不同浓度 EDAN-CDs 的 1 mol/L 盐酸溶液中的动电位极化曲线（298 K）

从图 3-6 可以清楚地观察到随着 EDAN-CDs 浓度的增加，腐蚀电位向正方向移动，腐蚀电流密度逐渐减小。由此表明缓蚀剂 EDAN-CDs 的加入抑制了电极界面的阳极反应，从而阻碍了 Q235 碳钢的腐蚀。根据表 3-2，添加了 100 mg/L EDAN-CDs 缓蚀剂的腐蚀电位较空白溶液降低 17 mV，即小于 85 mV，则证明 EDAN-CDs 属于混合型缓蚀剂。但根据阳极斜率和阴极斜率数据显示，缓蚀剂阳极斜率变化明显大于空白溶液，而阴极斜率波动较小，证实了 EDAN-CDs 是一种主要抑制阳极反应的混合型缓蚀剂[35]。由表 3-2 可知，随着缓蚀剂含量的增加，表面覆盖率和缓蚀效率均增加。当缓蚀剂浓度为 100 mg/L 时，腐蚀电流密度降低，缓蚀效率可达 92.1%。由此可知，缓蚀剂吸附在碳钢表面形成了保护膜，进而减缓了碳钢在阳极的氧化溶解反应。

表 3-2　Q235 碳钢在含不同浓度 EDAN-CDs 的 1 mol/L 盐酸溶液中的动电位极化曲线参数

组别	$c/(\text{mg/L})$	E_{corr} /(V/SCE)	i_{corr} /($\mu\text{A/cm}^2$)	β_a /(mV/dec)	$-\beta_b$ /(mV/dec)	θ	$\eta_{Tafel}/\%$
空白	0	−0.480	275.0	84.66	110.94		
EDAN-CDs	5	−0.470	43.43	74.71	112.44	0.843	84.3
	10	−0.472	36.73	73.61	116.78	0.866	86.6
	50	−0.464	29.97	72.11	123.99	0.891	89.1
	100	−0.463	21.62	71.80	121.54	0.921	92.1
CA	90	−0.478	173.4	82.39	116.89	0.369	36.9

3.1.4　表面分析

抛光后的 Q235 碳钢的表面形貌以及浸泡在不含缓蚀剂和含有 100 mg/L EDAN-CDs 的 1 mol/L 盐酸溶液中 6 h 后碳钢的表面形貌分别由 SEM 捕获。其 SEM 图像如图 3-7（a）～（c）所示。抛光后没有浸泡的 Q235 碳钢表面如图 3-7（a）所示，其表面没有明显的腐蚀现象，仅存在一些由打磨时出现的微弱划痕。图 3-7（b）表示 Q235 碳钢在 1 mol/L HCl 溶液中浸泡 6 h 后的表面形貌。不难发现，浸泡后的 Q235 碳钢表面被严重腐蚀，结合 EDS［图 3-7（e）］分析可知其表面有大量铁氧化物和氯化物生成。相反，添加了 100 mg/L EDAN-CDs 缓蚀剂的 Q235 碳钢表面腐蚀明显减弱［图 3-7（c）］，并且表面存在薄纱似的致密的吸附膜。通过三者的比较，表明缓蚀剂的加入增加了金属表面的吸附膜覆盖率。同时对应的 EDS 图对比显示，加入缓蚀剂 EDAN-CDs 后金属表面的 Fe 含量降低，直接地表明 Q235 碳钢表面缓蚀剂覆盖度增加。此外，浸泡过含有缓蚀剂的 HCl 溶液的金属表面出现了 N 元素，进一步阐明缓蚀剂与金属中铁原子结合形成配位键，进而形成螯合物保护膜。

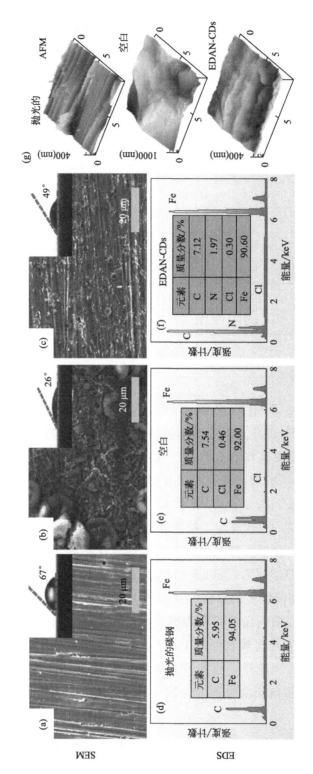

图 3-7　不同状态下 Q235 碳钢表面的 SEM 图像[(a)~(c)]，EDS 谱图[(d)~(f)]以及 AFM 图像（g）

为了研究金属表面的亲水性和疏水性，测量了三种不同条件下 Q235 碳钢表面的接触角。空白溶液的 Q235 碳钢表面呈现出特别低的接触角（27°），其表面具有较高的亲水性，这表明腐蚀后的金属表面有较多的游离 Fe 离子，易于与溶液中的水分子配位成键。而在 100 mg/L EDAN-CDs 中浸泡后的 Q235 碳钢表面的接触角明显比空白溶液下的接触角高（49°）。这一结果表明缓蚀剂与金属表面形成了一层相对疏水的保护膜，阻断了金属与介质溶液的接触，从而达到良好的缓蚀效果。

AFM 图像［图 3-7(g)］显示了三种不同状态下碳钢表面的粗糙程度，在空白溶液中浸没的 Q235 碳钢表面呈不规则驼峰状，说明碳钢表面在 1 mol/L HCl 溶液中发生了巨大的破坏，并导致其严重腐蚀。相比之下，浸入含有缓蚀剂的 HCl 溶液中的碳钢表面更光滑。由此表明 Q235 碳钢表面可被缓蚀剂吸附以形成致密的阻碍膜。通过 AFM 测试数据可知，抛光的 Q235 碳钢、在 1 mol/L HCl 溶液中浸泡后的 Q235 碳钢和在含 100 mg/L EDAN-CDs 的 HCl 溶液中浸泡后的 Q235 碳钢，它们的表面粗糙度分别为 33.71 nm、191.5 nm 和 58.67 nm。由此可知添加缓蚀剂后的表面粗糙度明显低于未加缓蚀剂的表面，且接近抛光后碳钢的粗糙度。结合以上的表面分析，进一步明确了本实验所制备的 EDAN-CDs 缓蚀剂可准确地吸附在金属表面并形成保护膜，从而达到提高缓蚀效率的目的。

3.1.5 吸附等温线分析

图 3-8 为 Q235 碳钢分别浸泡过空白溶液和含 100 mg/L EDAN-CDs 的盐酸溶液中表面吸附膜的结合特性。对比图 3-8(a) 和图 3-8(b) 可知，N 元素出现在浸泡过含有缓蚀剂的盐酸溶液中碳钢的表面，说明缓蚀剂在浸泡过程中成功地吸附在碳钢表面。根据高斯拟合，C 1s 光谱和 N 1s 光谱分别如图 3-8(c) 和图 3-8(d) 所示。其中 C 1s 光谱可以拟合成三个峰，峰值分别为 284.90 eV、286.88 eV 和 288.68 eV，对应 C$=$O、O—C$=$OH 和 C—N 的共价键，从而证明 EDAN-CDs 缓蚀剂存在于碳钢表面。此外，N 1s 光谱拟合得到 398.58 eV、400.23 eV 和 401.78 eV 三个峰，则可以理解为表面存在 EDAN-CDs 没有质子化的 C—N 共价键的同时，还存在 EDAN-CDs 与 Fe 吸附形成的 N—Fe 共价键和由氢键形成的 N$^+$H 键。因此可以表明缓蚀剂 EDAN-CDs 中的 N 元素因其富电子而与 Fe 中未被占据的 d 轨道配位，从而形成保护膜阻碍了碳钢的腐蚀。为了进一步

探索缓蚀剂的吸附特性，利用 EIS 数据拟合热力学方程的吸附等温线，得到 Q235 碳钢在含缓蚀剂的盐酸溶液中反应的吉布斯自由能。

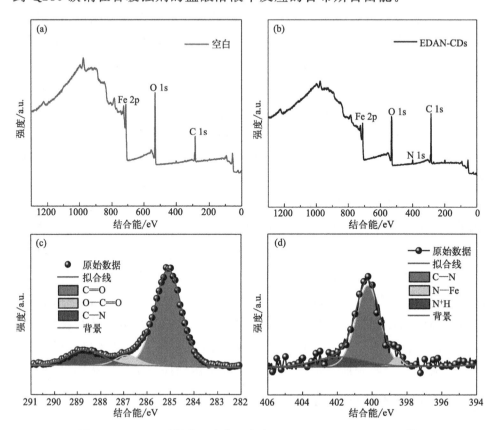

图 3-8　Q235 碳钢在不存在和存在 100 mg/L EDAN-CDs 的
1 mol/L 盐酸溶液中的 XPS 光谱

(a)（b）空白溶液和含有缓蚀剂的 XPS 全谱；(c)（d）含有缓蚀剂时 C 1s 和 N 1s 谱图

吸附等温线由式(2-9)绘制。

图 3-9 显示了由 EIS 数据计算和拟合的 C 和 C/θ 的线性曲线。相关系数 R^2 为 0.9997，表明拟合曲线与实验数据之间具有良好的相关性，进一步说明缓蚀剂的吸附过程遵循朗缪尔吸附。经计算拟合曲线的截距可知 EDAN-CDs 缓蚀剂的 K_{ads} 值为 1083.07 L/g。标准吉布斯自由能（$\Delta G_{ads}^{\ominus}$）可以通过式(2-10)计算。

一般来说，K_{ads} 值越大，正向反应中分子的吸附稳定性越强，吉布斯自由能越小。并且如果吉布斯自由能值 $\geqslant -20$ kJ/mol，则认为只存在分子间静电作用的物理吸附。$\Delta G_{ads}^{\ominus} \leqslant -40$ kJ/mol，可以认为存在分子间化

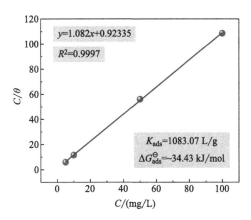

图3-9 Q235碳钢表面的朗缪尔吸附等温式

学键作用的化学吸附。而 $\Delta G_{ads}^{\ominus}$ 值在 -20 kJ/mol 和 -40 kJ/mol 的范围内被认为存在物理吸附和化学吸附[36]。经计算得到，缓蚀剂 EDAN-CDs 在 Q235 碳钢表面的 $\Delta G_{ads}^{\ominus}$ 值为 -34.43 kJ/mol，证明两者之间的吸附方式包括物理吸附和化学吸附两种。结合之前的 UV-vis、FTIR 和 XPS 光谱可以证实，缓蚀剂 EDAN-CDs 中存在富含电子的 N 原子、O 原子和富含电子共轭结构。因此，可以认为 EDAN-CDs 缓蚀剂含有富电子官能团，可与金属配位形成络合物，产生致密的保护膜，将金属表面与外界环境的反应隔离开来，从而防止金属腐蚀。

3.1.6 缓蚀机理分析

缓蚀剂 EDAN-CDs 在 1 mol/L HCl 溶液中对碳钢表面的吸附机理如图 3-10 所示。根据吸附等温分析可知，EDAN-CDs 分别以物理吸附和化学吸附的方式吸附于碳钢表面。在含有 EDAN-CDs 的 HCl 溶液中浸泡后的碳钢表面的 XPS 的 C 1s 光谱和 N 1s 光谱［图 3-8(c) 和（d）］表明碳钢表面存在含氧官能团和 N—Fe 键。由此清楚地表明 EDAN-CDs 缓蚀剂中氮原子的孤对电子与 Fe 原子中 3d 空轨道配位，含电子的 Fe 原子的非键轨道与 EDAN-CDs 化合物的空轨道形成反馈配位键，即形成一种稳定的螯合物。此外，由于 EDAN-CDs 化合物之间相互的静电作用，在吸附溶液中容易形成 EDAN-CDs 的聚合颗粒，而游离金属离子可进一步将其吸附聚集在碳钢表面。结合电化学数据可知，随着 EDAN-CDs 浓度的增加，表面吸附膜占据的面积越来越大，阻碍了腐蚀介质中的活性离子与金属的反应。简而言之，缓蚀机理可以认为是具有氮氧化物石墨烯结构的 EDAN-CDs 与金属表面产生静电作用，同时通过化学键增强吸附力，进而具有良好的缓蚀性能。

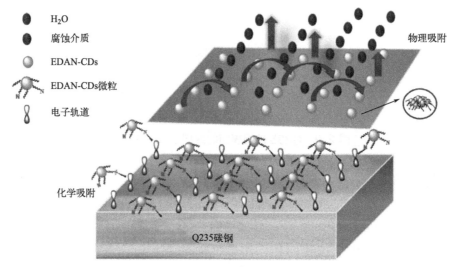

图 3-10　Q235 碳钢在含有 EDAN-CDs 缓蚀剂的 1 mol/L HCl 溶液中表面的缓蚀机理示意图

3.1.7　小结

本节研究了以柠檬酸和乙二胺为前驱体制备的氮掺杂碳量子点（EDAN-CDs）的结构和形貌。此外更深入地探究了 Q235 碳钢在 1 mol/L HCl 溶液中的腐蚀效果和缓蚀机理。主要结论如下：

① UV-vis 和 FTIR 光谱表明 EDAN-CDs 含有富电子的共轭结构和酰胺结构。XRD 分析表明制备的 EDAN-CDs 是氮/氧-类石墨烯材料。

② EIS 测量结果表明，随着缓蚀剂浓度的增加，电荷转移电阻和电容阻抗的增加可以降低金属的腐蚀速率。动电位极化曲线表明 EDAN-CDs 属于以阳极缓蚀剂为主的混合型缓蚀剂。

③ EIS 的拟合数据表明，EDAN-CDs 在碳钢表面的吸附遵循朗缪尔吸附等温线。热力学计算表明 EDAN-CDs 的吸附包括物理吸附和化学吸附。

④ 表面分析证实碳钢表面可以通过缓蚀剂具有致密的吸附膜。结果表明 EDAN-CDs 吸附膜具有防止金属与外部溶液反应以减少腐蚀的作用。

3.2 芳香族氮源掺杂碳量子点的制备及缓蚀性能

基于柠檬酸和乙二胺制备的 EDAN-CDs 在盐酸介质中对 Q235 碳钢的最佳缓蚀效率为 93.7%，因此选择含苯环结构多的叶酸和邻苯二胺作为氮源的前驱体，通过水热法合成新的氮掺杂型碳量子点（OPDN-CDs）是进一步研究氮掺杂碳量子点的缓蚀性能的方法。其结构和形貌性质由 FTIR、UV-vis、XPS、XRD 和 TEM 测试表征。缓蚀性能由电化学测试和表面分析测试探究。除此之外，最佳缓蚀浓度的 OPDN-CDs 的长时效性利用电化学测试评价。缓蚀机理结合实验和理论分析提出。

3.2.1 制备

叶酸（folic acid，FA）和邻苯二胺（o-phenylenediamine，OPD）的纯度大于 99%，使用时未进行进一步纯化。它们的结构式及芳香族氮掺杂碳量子点（OPDN-CDs）的合成过程如图 3-11 所示。

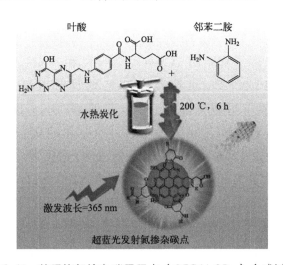

图 3-11 芳香族氮掺杂碳量子点（OPDN-CDs）合成过程

将叶酸（0.6968 g）和邻苯二胺（0.6838 g）置于 100 mL 去离子水中超声至完全溶解。将溶液加入反应釜中，在 200 ℃加热 6 h。反应结束后，冷却至室温，取出反应釜。通过 0.45 μm 滤膜真空抽滤和 0.22 μm 微孔过滤得到橙黄色溶液。使用截留分子量为 1000 的透析袋透析 72 h，去除未反应的小分子化合物。最后将纯化后的溶液冷冻干燥 3 d，得到棕黄色固体。

3.2.2 结构表征分析

叶酸（FA）和 OPDN-CDs 的 FTIR 光谱如图 3-12(a) 所示。由 FA 的 FTIR 光谱可知，FA 在 3115.0 cm^{-1}、1681.9 cm^{-1}、1477.4 cm^{-1} 和 752.2 cm^{-1} 处的峰对应—OH/—NH 伸缩振动、C═O 伸缩振动、芳香环中的═C—H 剪切振动和平面弯曲振动。而 OPDN-CDs 的 FTIR 光谱在 3145.8 cm^{-1}、2351.2 cm^{-1}、1693.5 cm^{-1}、1516.0 cm^{-1}、1431.1 cm^{-1} 和 754.16 cm^{-1} 处的峰，分别归因于—NH/—OH 伸缩振动、—C≡N 伸缩振动、C═O 伸缩振动、—NH 弯曲振动、—COOH 对称伸缩振动和芳香环的面外弯曲振动。OPDN-CDs 与叶酸的 FTIR 光谱对比表明，叶酸和邻苯二胺分子通过酰化反应生成了酰胺基团，另外通过碳化反应得到大量苯环结构。

由图 3-12(b) 的 UV-vis 光谱图可知，OPDN-CDs 由于其苯环中 C═C 键的 π-π* 跃迁、共轭体系的 π-π* 跃迁和共轭分子的 n-π* 跃迁，在 207 nm、247 nm 和 371 nm 附近表现出三个吸附峰。因此推测 OPDN-CDs 结构中含有杂原子官能团（C═O、N═N 和—NH$_2$）。图 3-12(b) 中的插图显示了 OPDN-CDs 水溶液在可见光照射下呈黄色，在紫外区 365 nm 波长的激发下呈现青靛色。由此表明 OPDN-CDs 具有荧光特性。结合 FTIR 光谱分析可知，此实验中通过前驱体的聚合环化成功合成了 OPDN-CDs。如图 3-12(c) OPDN-CDs 的 XRD 谱图所示，在 2θ 为 22.3° 时，OPDN-CDs 存在宽衍射峰，其层间距为 0.394 nm，且明显大于石墨烯的层间距（0.34 nm），说明 OPDN-CDs 中的 N 和 O 原子增加了无定形碳化合物的层间距[19]。OPDN-CDs 的形态和尺寸通过 TEM 图像表征，如图 3-12(d) 所示。OPDN-CDs 表现出 2～6 nm 的无定形球形结构。结合对 OPDN-CDs 结构和性能的表征，表明碳化的 OPDN-CDs 具有良好的分散性、量子尺寸和强荧光特性。

OPDN-CDs 的 XPS 光谱如图 3-13 所示。OPDN-CDs 的 XPS 全谱 [图 3-13(a)] 表明 OPDN-CDs 是由 C、N 和 O 原子组成的。通过高斯拟合，图 3-13 (b) 中的 C 1s 谱可得到三个峰，分别为 284.28 eV、285.48 eV 和 287.83 eV，对应 C—C、C—O 和 C═O。图 3-13(c) 中 N

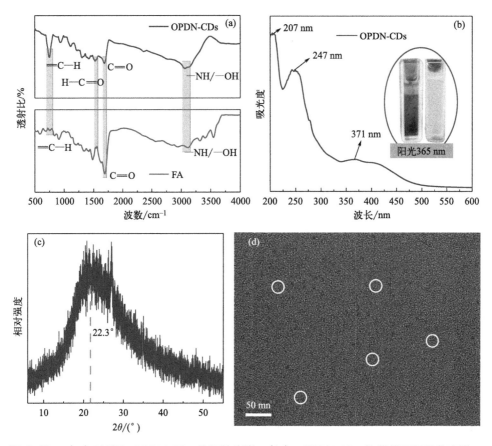

图 3-12 （a）叶酸和 OPDN-CDs 的红外光谱；（b） OPDN-CDs 的紫外可见吸收光谱；
（c）和（d） OPDN-CDs 的 XRD 谱图和 TEM 图像

1s 的光谱拟合为两个峰，分别对应 398.78 eV 的吡啶 N 和 399.23 eV 的吡咯 N。图 3-13(d) 中的 O 1s 光谱显示了两个主峰。531.48 eV 处的峰为 C—O，533.08 eV 处的峰为 C=O[37]。综上所述，XPS 结果与 FTIR 和 UV-vis 光谱分析一致，表明 OPDN-CDs 被成功制备。

3.2.3 电化学分析

3.2.3.1 阻抗谱分析

图 3-14 为 Q235 碳钢在具有不同浓度 OPDN-CDs 的 1 mol/L HCl 溶液中的奈奎斯特图和伯德图。由奈奎斯特曲线可知，碳钢在含不同浓度 OPDN-CDs 的盐酸溶液中均显示出不完美的容抗半圆弧，并且圆弧的半径和高度随着 OPDN-CDs 浓度的增加而增加。这表明缓蚀剂的引入增加

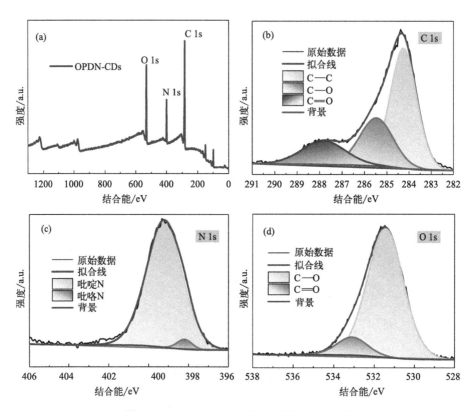

图 3-13 OPDN-CDs 的高分辨 XPS 光谱

（a）全谱；（b）C 1s；（c）N 1s；（d）O 1s

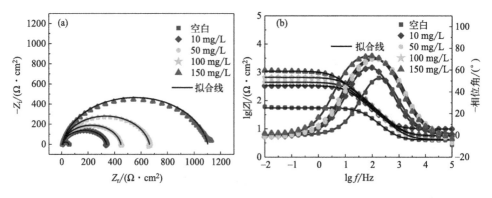

图 3-14 Q235 碳钢在不存在和存在不同浓度 OPDN-CDs 的 1 mol/L HCl 溶液中的奈奎斯特图（a）和伯德图（b，298 K）

了阻抗，并在未改变电荷转移反应机理的情况下起到缓蚀的作用。伯德图中的相位角曲线表明反应过程中只有一个电荷转移弛豫时间常数，即只有一个容抗弧。而当 OPDN-CDs 的浓度增加时，伯德图的阻抗模量也趋于增高。这些结果可归因于 OPDN-CDs 缓蚀剂吸附在 Q235 碳钢的表面，阻止了电子转移过程并增加了容抗。

为了详细了解腐蚀行为，通过拟合图 3-15 中的等效电路图得到 EIS 的模拟数据。拟合得到的卡方值（χ^2）是数据拟合度，SD 为标准偏差。如表 3-3 所示，拟合的 χ^2 值在 $0.21 \times 10^{-3} \sim 1.72 \times 10^{-3}$ 范围内，说明拟合数据与实验数据吻合较好，拟合电路可被用于解释电极表面的反应过程[38]。等效电路由三个简单的元件组成，R_s 为溶液电阻，R_p 为极化电阻，CPE 为恒定相位角元件。拟合数据由表 3-3 收集。CPE 的值可以通过式(2-1) 获得；根据表 3-3 中的 n 值，可以判断反应过程中 CPE 为电容的非理想元件。由表可知引入缓蚀剂的 n 值低于空白溶液的 n 值。此外随着缓蚀剂浓度的增加，n 值呈现逐渐减小的趋势。这是由于 Q235 碳钢表面吸附的缓蚀剂浓度较高，更容易引起表面不均匀度的增加。而 C_{dl} 值也可以通过亥姆霍兹方程［式(2-2)］获得。表 3-3 显示添加缓蚀剂后的 C_{dl} 值低于空白溶液的。由此可知在吸附和解吸过程中，OPDN-CDs 和 Q235 碳钢表面之间形成了不均匀吸附膜，增加了双电层电容厚度，阻止了电子转移过程，进而达到缓蚀效果[39]。

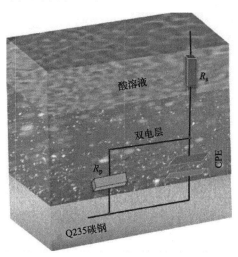

图 3-15 EIS 拟合等效电路

缓蚀效率（η_{EIS}）可由式（2-4）计算得到。表 3-3 表明，150 mg/L OPDN-CDs 的缓蚀效率为 95.4%。其归因于 Q235 碳钢表面存在 OPDN-CDs 吸附和水分子解吸反应，阻止了电子的转移并减慢了金属溶解速率，进而降低了金属的腐蚀效率，起到保护作用[40]。

表 3-3　在 298 K 下 Q235 碳钢在不存在和存在 OPDN-CDs 的
1 mol/L HCl 溶液中的 EIS 拟合参数

缓蚀剂	C /(mg/L)	R_s /($\Omega \cdot cm^2$)	Y_0/(10^{-6}S· s"· cm^{-2})	粗糙度 n	C_{dl} /($\mu F/cm^2$)	R_p /($\Omega \cdot cm^2$)	χ^2 /10^{-3}	η_{EIS} /%	SD[①]
对照组	0	4.0	122.2	0.900	69.5	50.92	1.72		0.003
OPDN-CDs	10	9.9	65.37	0.899	42.4	323.5	0.21	84.3	0.141
	50	4.2	57.53	0.898	37.9	444.3	1.00	88.5	0.636
	100	5.6	45.53	0.898	30.6	657.7	0.52	92.2	0.282
	150	5.8	53.09	0.896	38.2	1097.0	0.88	95.4	0.707

① SD 值表示实验中 η_{EIS}（缓蚀率）的标准差，反映了实验数据的可靠性和一致性。

为了探索 OPDN-CDs 缓蚀性能的时效性，探究了 Q235 碳钢在含有 OPDN-CDs 的 1 mol/L HCl 溶液中浸泡 24 h 内的腐蚀情况。电化学阻抗谱图和参数如图 3-16 和表 3-4 所示。OPDN-CDs 在 24 h 内对 Q235 碳钢在 1 mol/L HCl 溶液中的缓蚀效率没有显著变化，缓蚀效率均在 90% 以上。由此表明 OPDN-CDs 在短时间内其具有高效的缓蚀性能。

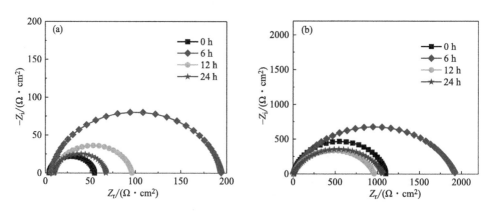

图 3-16　不同时长内 Q235 碳钢在酸性溶液中的奈奎斯特图
(a) 1 mol/L HCl；(b) 150 mg/L OPDN-CDs

表 3-4   24 h 内 Q235 碳钢在没有和有 OPDN-CDs 的酸性溶液中的 EIS 拟合参数

组别	时间 /h	R_s /($\Omega \cdot cm^2$)	Y_0 /(10^{-6} S $\cdot$ s^n $\cdot$ cm^{-2})	n	R_p /($\Omega \cdot cm^2$)	η_{EIS} /%
1 mol/L HCl	0	4.0	122.2	0.900	50.97	—
	6	6.1	137.2	0.900	187.9	—
	12	6.3	408.0	0.893	85.62	—
	24	6.0	511.2	0.924	57.4	—
150 mg/L OPDN-CDs	0	5.8	53.1	0.896	1097.0	95.4
	6	2.5	51.6	0.779	1924.0	90.2
	12	2.6	48.3	0.778	961.0	91.9
	24	2.5	63.5	0.749	1066.0	94.6

3.2.3.2   动电位极化曲线

动电位极化曲线（PDP）是一种用于监测腐蚀行为的阴极和阳极反应电化学测试，即通过分析阳极和阴极相关数据，解释腐蚀反应机理。图 3-17 为 Q235 碳钢在不同浓度 OPDN-CDs 的 1 mol/L HCl 溶液中的 PDP 曲线。表 3-5 列出了反应过程中的 E_{corr}、i_{corr}、β_c、β_a 和 η_{PDP} 参数。η_{PDP} 的值用式(2-6)计算可得。根据图 3-17 中 PDP 曲线可知，与空白溶液曲线对照，添加 OPDN-CDs 缓蚀剂后阳极反应和阴极反应曲线的趋势没有变化。这表明 OPDN-CDs 的引入对阳极和阴极的反应过程没有影响。而有缓蚀剂的阴极和阳极曲线趋于下移，且腐蚀电流密度降低表明，OPDN-CDs 可加强 Q235 碳钢在盐酸溶液中的缓蚀效果。表 3-5 表明，随着缓蚀剂浓度的增加，腐蚀电位向正方向移动。150 mg/L OPDN-CDs(-0.468 mV) 与空白溶液 (-0.483 mV) 的最大电位差小于 85 mV，说明 OPDN-CDs 是一种混合型缓蚀剂，即不仅抑制阴极氢离子的还原反应，又阻碍阳极金属的溶解反应。腐蚀电流密度数据中 i_{corr} 的值随着 OPDN-CDs 浓度的增加而降低，表明了 OPDN-CDs 吸附在 Q235 碳钢表面形成了阻碍金属腐蚀的阻隔膜，有效地抑制了碳钢的腐蚀。阳极和阴极的斜率是通过对双曲线取相应的切线并将它们扩展到相交点来获得的。从表 3-5 可以看出，阳极斜率波动较大，即电化学过程主要倾向于抑制阳极反应。

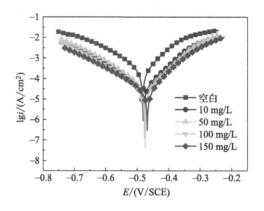

图 3-17 Q235 碳钢在含不同浓度 OPDN-CDs 的 1 mol/L HCl 溶液中的动电位极化曲线

表 3-5　Q235 碳钢在含不同浓度 OPDN-CDs 的 1 mol/L HCl 溶液中的动电位极化曲线参数

缓蚀剂	C /(mg/L)	E_{corr} /(mV/SCE)	i_{corr} /(μA/cm^2)	β_a /(mV/dec)	$-\beta_c$ /(mV/dec)	η_{PDP} /%	SD
空白组	0	-0.483	261.7	77.20	110.69		0.030
OPDN-CDs	10	-0.481	40.41	74.22	97.00	84.6	0.018
	50	-0.474	35.55	74.05	93.88	86.4	0.015
	100	-0.477	23.95	72.67	91.54	90.8	0.007
	150	-0.468	22.71	69.81	101.49	91.3	0.008

3.2.4　表面分析

Q235 碳钢在三种不同腐蚀条件下的表面形貌和元素分布如图 3-18 所示。在抛光后的 Q235 碳钢表面的 SEM 图像 [图 3-18(a)] 中没有观察到明显的腐蚀坑和表面覆盖物。室温下浸泡在 1 mol/L HCl 溶液中 6 小时后的 Q235 碳钢表面 [图 3-18(b)] 则显示出严重的裂纹、点蚀坑和大量腐蚀沉积物。当浸泡液中含有 150 mg/L OPDN-CDs 时，碳钢表面上观察到少量的点蚀和致密的吸附膜 [图 3-18(c)]。EDS 分析被用于确认基体表面的成分。砂纸抛光后的 Q235 碳钢表面主要由 Fe 和 C 元素组成 [图 3-18(d)]。暴露于 1 mol/L HCl 溶液的 Q235 碳钢表面 [图 3-18(e)] 除了 Fe 和 C 元素外，还含有氯离子，表明点蚀坑表面的覆盖层由氯化铁化合物组成。而暴露在含有 150 mg/L 缓蚀剂的 1 mol/L HCl 介质中的 Q235 碳钢表面由 Fe、C、Cl 和 N 元素组成，如图 3-18(f) 所示，验证了缓蚀剂 OPDN-CDs 吸附在金属表面上。因此表明缓蚀剂可以通过形成吸附膜来抑制金属的腐蚀。

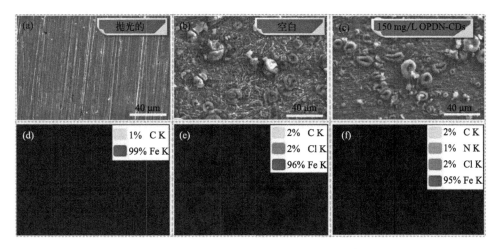

图 3-18 Q235 碳钢表面的 SEM 和 EDS 图

（a）和（d）抛光的；（b）和（e）空白溶液；（c）和（f）
含有 150 mg/L OPDN-CDs 的 1 mol/L HCl 溶液

通过 AFM 和 CAM 图像获得在 298 K 不同状态下 Q235 碳钢表面的粗糙度和润湿性，如图 3-19（a）所示。由 AFM 图像可知，抛光后、浸泡在 1 mol/L HCl 溶液中和浸泡在含 150 mg/L OPDN-CDs 的 HCl 溶液中的 Q235 碳钢表面的粗糙度分别为 33.71 nm、156.6 nm 和 96.73 nm。由此可以看出，Q235 碳钢在含缓蚀剂的 1 mol/L HCl 溶液中的腐蚀比在空白溶液中的腐蚀要弱，导致表面粗糙度降低，延迟腐蚀。同时抛光后基体碳钢接触角为 67°，而 1 mol/L HCl 溶液下的接触角降低至 26°，缓蚀剂存在下的接触角为 40°。对比可知加入缓蚀剂的接触角高于空白溶液，证实了在 1 mol/L HCl 溶液中的严重腐蚀增强了其亲水性。相反，缓蚀剂的加入减少了腐蚀，增加了疏水性，减缓了 Fe 的溶解反应。

Q235 碳钢浸泡在有 150 mg/L OPDN-CDs 的 1 mol/L HCl 溶液中 12 h 后的 FTIR 光谱和制备的 OPDN-CDs 的 FTIR 光谱如图 3-19（b）所示。在含有 OPDN-CDs 缓蚀剂的盐酸溶液中浸泡后的 Q235 碳钢的 FTIR 光谱在 3106 cm^{-1} 处存在着与—OH 和—NH 伸缩振动有关的峰。此外，1670 cm^{-1} 和 1526 cm^{-1} 处为—C—O 和—C—N 伸缩振动峰。OPDN-CDs 的 FTIR 与之相比表明 OPDN-CDs 成功地吸附在金属表面。Q235 碳

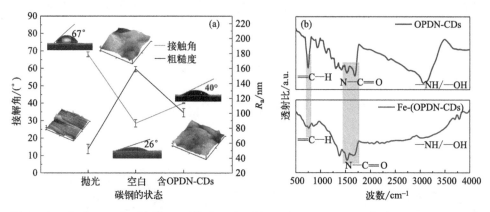

图 3-19 （a）Q235 碳钢在不同状态下表面的 AFM 和 CAM 图；（b）OPDN-CDs 和在含 OPDN-CDs 的 HCl 溶液中浸泡后的 Q235 碳钢表面的 FTIR 图

钢在没有和有 150 mg/L OPDN-CDs 的 1 mol/L HCl 溶液中浸泡后的 XPS 光谱如图 3-20 所示。以其 XPS 光谱探索吸附键和吸附层的化学成分。根据全 XPS 光谱可知，仅浸泡在 1 mol/L HCl 溶液中的 Q235 碳钢表面含有 Fe、O 和 C 元素。而引入 OPDN-CDs 的 XPS 光谱除了含有以上三种元素外还存在 N 元素。这一现象说明在引入 OPDN-CDs 的溶液中浸泡后的碳钢表面存在缓蚀剂分子。浸泡过含 OPDN-CDs 的 HCl 溶液的碳钢表面的 N 1s 光谱可以通过高斯拟合成两个峰，其中 398.18 eV 对应环化的 C=N—，399.0 eV 对应 N—Fe[41]。这一结论表明 OPDN-CDs 吸附在金属表面，并与金属中的铁反应形成配位键。根据表面分析结果可以推断，缓蚀剂与金属发生物理化学反应生成了一层致密的疏水吸附膜，阻止金属在酸性溶液中溶解，从而对表面起到保护作用。

3.2.5 吸附等温线分析

通过电化学测试可以发现，缓蚀剂 OPDN-CDs 可以降低 Q235 碳钢在 1 mol/L HCl 溶液中的腐蚀速率。同时表面分析表明缓蚀性能的增强主要是由于 OPDN-CDs 吸附在金属表面形成一层阻隔膜。利用电化学阻抗谱数据拟合得到朗缪尔吸附等温线，如图 3-21 所示。拟合的相关系数 R^2 值为 0.0990，表明缓蚀剂吸附模式符合朗缪尔吸附。朗缪尔吸附等温线通过式(2-9) 获得。K_{ads} 根据吸附等温线截距计算为 965.25 L/g。反应的热力学参数标准吉布斯自由能（$\Delta G_{ads}^{\ominus}$）可由 K_{ads} 推导出来。$\Delta G_{ads}^{\ominus}$ 的值

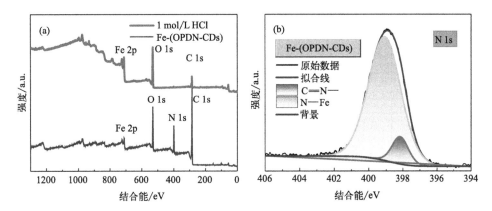

图 3-20 （a）Q235 碳钢在没有和有 150 mg/L OPDN-CDs 的情况下浸泡在 1 mol/L HCl 溶液中的 XPS 光谱；（b）在含 150 mg/L OPDN-CDs 的 HCl 溶液中浸泡后的碳钢表面的 N 1s 光谱

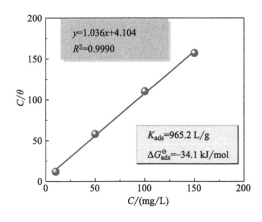

图 3-21 浸泡在含 OPDN-CDs 的 HCl 溶液中的 Q235 碳钢表面的朗缪尔吸附等温线

可由式（2-10）所得。研究得到缓蚀剂与碳钢表面反应的 $\Delta G^{\ominus}_{ads}$ 为 -34.141 kJ/mol。$\Delta G^{\ominus}_{ads}$ 为负值表明缓蚀剂在金属表面的反应是一个自发过程。此外，当其 $\Delta G^{\ominus}_{ads}$ 值介于 -20 kJ/mol 和 -40 kJ/mol 之间时，表明反应过程中缓蚀剂 OPDN-CDs 的吸附方式为物理吸附和化学吸附。

3.2.6 缓蚀机理分析

图 3-22 为 OPDN-CDs 在 1 mol/L HCl 溶液中对 Q235 碳钢的缓蚀机理。根据动电位极化曲线可知，OPDN-CDs 缓蚀剂是一种混合缓蚀剂，既影响腐蚀反应中的阳极反应，又影响阴极反应。由此推测抑制阳极 Fe

的溶解反应和阴极 H^+ 的还原反应的机理如下[42]：

OPDN-CDs 抑制阳极反应的机理如下：

$$\mathrm{Fe \cdot H_2O_{ads} + Inh \Longleftrightarrow FeOH_{ads}^- + H^+ + Inh} \tag{3-3}$$

$$\mathrm{Fe \cdot H_2O_{ads} + Inh \longrightarrow Fe \cdot Inh_{ads} + H_2O} \tag{3-4}$$

$$\mathrm{FeOH_{ads}^- \longrightarrow FeOH_{ads} + e^-} \tag{3-5}$$

$$\mathrm{FeOH_{ads} + Fe \cdot Inh_{ads}^+ \Longleftrightarrow FeOH^+ + Fe \cdot Inh_{ads}} \tag{3-6}$$

$$\mathrm{Fe \cdot Inh_{ads} \Longleftrightarrow Fe \cdot Inh_{ads}^+ + e^-} \tag{3-7}$$

$$\mathrm{FeOH^+ + H^+ \Longleftrightarrow Fe^{2+} + H_2O} \tag{3-8}$$

OPDN-CDs 在碳钢表面的阴极反应机理如下：

$$\mathrm{2H^+ + 2e^- \Longleftrightarrow H_2 \uparrow} \tag{3-9}$$

结合 XPS 光谱结论可知，缓蚀剂在 1 mol/L HCl 溶液中与金属铁配位形成 $\mathrm{Fe \cdot Inh_{ads}}$ 保护膜，从而有效地阻止了 Fe 的溶解。同时由于铁的溶解反应被抑制，电子转移也随之减少，氢离子的还原反应也受到抑制。因此缓蚀剂 OPDN-CDs 起到了有效的缓蚀作用。

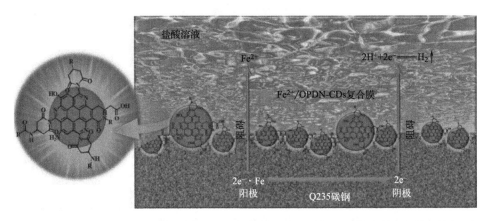

图 3-22 Q235 碳钢在含有 OPDN-CDs 缓蚀剂的 1 mol/L HCl 溶液中表面的缓蚀机理

3.2.7 小结

综上所述，研究人员使用氨基水杨酸、邻苯二胺、对苯二胺和色氨酸作为前驱体制备氮掺杂碳量子点（N-CDs），同时研究了制备的 N-CDs 在 1 mol/L HCl 溶液中对碳钢的缓蚀性能。这些结果表明，氮掺杂碳量子点具有一定的缓蚀作用，但存在制备时间过长或缓蚀效率低等缺点。因此，以叶酸和邻苯二胺为前驱体，将水热制备时间缩短至 6 h，成功制备了 OPDN-CDs。为了研究制备的 OPDN-CDs 对 Q235 碳钢的缓蚀性能，对其进行了多方面研究。PDP 曲线证实在 1 mol/L HCl 溶液中 OPDN-CDs 对 Q235 碳钢的作用以抑制阳极反应为主。OPDN-CDs 是一种混合缓蚀剂。EIS 证明 OPDN-CDs 吸附在 Q235 碳钢表面形成阻碍膜，有效阻断了电子转移。当 OPDN-CDs 浓度为 150 mg/L 时，抑制效率达到 95.4%。因此表明制备的 OPDN-CDs 是具有高效防腐性能的缓蚀剂。另外，由 EIS 测试的时效性实验数据表明，OPDN-CDs 在短时间内具有稳定性且依旧保留高效的防腐效果。OPDN-CDs 在 Q235 碳钢表面的吸附遵循朗缪尔单层吸附。吸附机理表明 OPDN-CDs 吸附在金属表面形成了致密的保护膜，有效地阻止了阳极铁的溶解反应，同时抑制了阴极氢离子的还原反应。因此，OPDN-CDs 可以降低 Q235 碳钢在盐酸中的腐蚀效率。

3.3　不同氮源掺杂碳量子点的制备及缓蚀性能

以乙醛为碳源，通过化学氧化工艺合成纯碳量子点缓蚀剂，在 0.5 mol/L HCl 溶液中，对 Q235 碳钢的缓蚀效率达 87.1%。基于此，为探究更好的碳量子点的缓蚀效果，对其进行掺杂以提高其缓释效率。故采取掺杂氮原子的方法制备功能化碳量子点，通过选择两种结构不同的含氮量为 46% 且为短链分子的尿素（N-CD1）和含氮量为 26% 且为苯环结构的邻苯二胺（N-CD2）作为氮源前驱体，通过化学氧化工艺制备功能化氮掺杂碳量子点，来对比两种不同氮源的掺氮型碳量子点的缓蚀效果。

3.3.1　制备

尿素和邻苯二胺的纯度大于 99%，使用时未进行进一步纯化，它们的结构式如图 3-23 所示。两种氮掺杂型碳量子点 N-CD1 和 N-CD2 的合成过程如图 3-24 所示。

室温下，将尿素（4 g）和邻苯二胺（4 g）作为氮源前驱体分别溶解于 40 mL 的 40% 乙醛中，将称量好的 12 g NaOH 分四次缓慢加入其中，匀速搅拌 5 h，搅拌过程中加入一定量的稀盐酸和去离子水。搅拌结束后抽滤留取下层溶液，用分子量为 2000 的透析袋透析纯化，去除未反应的小分子化合物，每 3 h 换一次水，持续 24 h。最后，将透析纯化后的液体

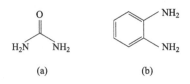

图 3-23 尿素和邻苯二胺的分子结构

（a）尿素；（b）邻苯二胺

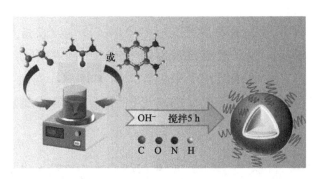

图 3-24 N-CD1 和 N-CD2 的合成过程

放入冷冻干燥机，干燥 2 d，分别得到浅棕色固体粉末 N-CD1 和深棕色固体粉末 N-CD2。

3.3.2 结构表征分析

N-CD1 和 N-CD2 的 FTIR 光谱如图 3-25 所示。图 3-25（a）中 N-CD1 的 FTIR 光谱在 3354 cm^{-1}、1578 cm^{-1}、1442 cm^{-1} 和 1049 cm^{-1} 处的吸收峰，分别归因于—OH/—NH 伸缩振动、—NH 弯曲振动、—C—N 伸缩振动和—C—O 伸缩振动。而 N-CD2 的 FTIR 光谱［图 3-25（b）］在 2979 cm^{-1}、1773 cm^{-1}、1423 cm^{-1} 和 1048 cm^{-1} 处的吸收峰分别对应—CH 伸缩振动、C＝O 伸缩振动、—C—N 伸缩振动和—C—O 伸缩振动。这些基团峰可以解释碳量子点表面具有丰富的含氧官能团及 N 元素。N-CD1 和 N-CD2 的形态和尺寸通过 TEM 图像表征，如图 3-25（c）和（d）。N-CD1 和 N-CD2 均表现出小于 10 nm 的无定形球状结构，与碳量子点的特征符合且均有 N 元素掺杂，表明 N-CD1 和 N-CD2 成功制备。

N-CD1 和 N-CD2 的 XPS 光谱如图 3-26 所示。XPS 全谱［图 3-26（a）和（d）］说明制备的氮掺杂碳量子点是由 C、O 和 N 原子组成的。从

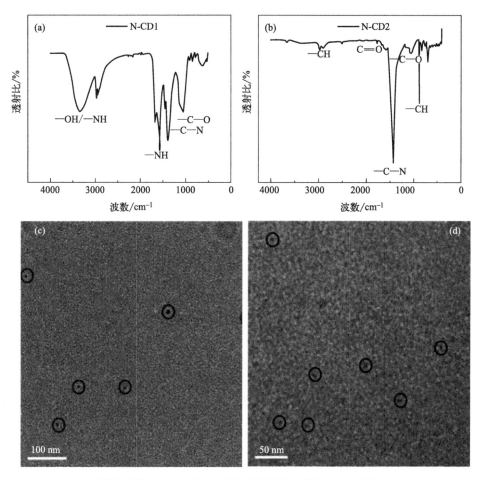

图 3-25 N-CD1 和 N-CD2 的红外光谱和 TEM 图像
（a）FTIR-N-CD1；（b）FTIR-N-CD2；（c）TEM-N-CD1；（d）TEM- N-CD2

图 3-26(b) C 1s 谱中得到 287.63 eV、285.63 eV 和 284.03 eV 三个峰，结合能分别对应 C=O、C=N 和 C—C。而图 3-26(c) N 1s 谱中的四个峰，其中 399.68 eV 和 397.83 eV 分别对应 N—H 和 C—N。图 3-26(d)～(f) 对应 N-CD2 的 XPS 光谱，其中图 3-26(e) C 1s 谱中的 289.38 eV 峰对应 O—C=O，287.68 eV 对应 C=O，285.33 eV 和 283.83 eV 分别为 C=N 和 C—C。N 1s 谱显示了两个主峰，400.43 eV 处对应吡啶 N 和 399.03 eV 处对应吡咯 N。综上所述，XPS 光谱和 FTIR 光谱分析结果一致，再次表明 N-CD1 和 N-CD2 的成功制备。

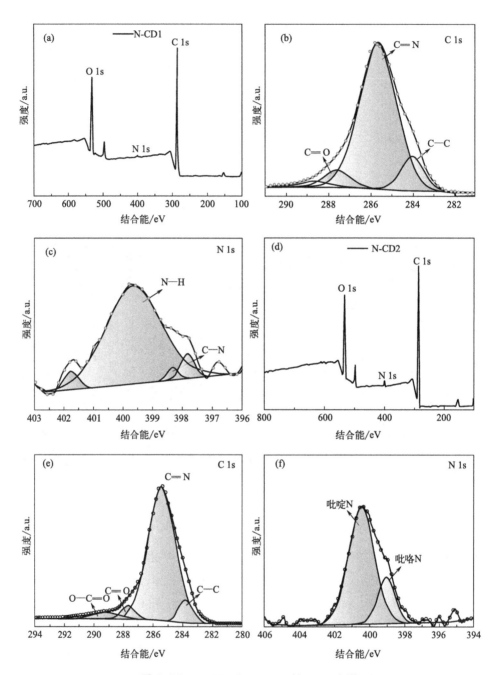

图 3-26 N-CD1 和 N-CD2 的 XPS 光谱

（a）N-CD1 全谱；（b）C 1s-(N-CD1)；（c）N 1s-(N-CD1)；（d）N-CD2 全谱；

（e）C 1s-(N-CD2)；（f）N 1s-(N-CD2)

碳基缓蚀剂在金属腐蚀防护中的应用

3.3.3 电化学分析

3.3.3.1 电化学阻抗谱

图 3-27 和图 3-28 分别是 Q235 碳钢在含不同浓度的 N-CD1 或 N-CD2 测试溶液中的奈奎斯特曲线和伯德曲线。图 3-27 中奈奎斯特曲线为单电容回路，反映了 Q235 碳钢在溶解过程中单时间常数的电荷转移过程。奈奎斯特图中容抗弧的变化是由碳钢表面的粗糙度和非均匀性造成的。图中阻抗弧直径和高度的大小随着浓度的增加而增大，表明极化电阻（R_p）在增大，这是由于吸附作用增加了 N-CD1 或 N-CD2 在碳钢表面的覆盖度。另外，未添加缓蚀剂和添加了 N-CD1 或 N-CD2 缓蚀剂时的阻抗弧形状基本相同，说明缓蚀剂的存在不改变碳钢腐蚀过程的腐蚀机理。根据 EIS 数据得到的拟合电路模型如图 3-29 所示，该电路中极化电阻（R_p）和恒相位角元件（CPE）是并联的，且都与溶液电阻（R_s）串联。为得到较好的拟合效果，本研究采用恒相位角元件（CPE）代替 C_{dl}，由式（3-1）可以计算 C_{dl} 值。

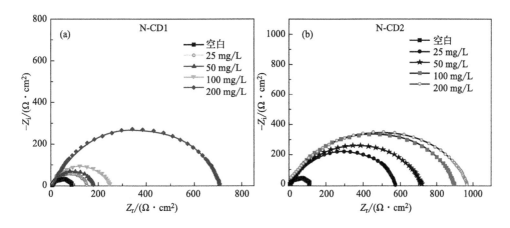

图 3-27 Q235 碳钢在 298 K 不同浓度测试溶液中的奈奎斯特曲线

通过拟合等效电路（图 3-29）得到的 C_{dl}、R_p、Y_0、n、R_s 的值如表 3-6 和表 3-7 所示。其中，通过 n 值的大小可以判断在电化学反应过程中 CPE 是非理想电容元件。R_p 的值随着 N-CD1 或 N-CD2 浓度的增大而增大，这是因为更多的 N-CD1 或 N-CD2 缓蚀剂吸附在 Q235 碳钢表面，增加了表面覆盖度。从表 3-6 和表 3-7 中可以看出，在低浓度下（25 mg/L 和 50 mg/L），C_{dl} 值显著降低，这与 N-CD1 的吸附作用和电极表面的改

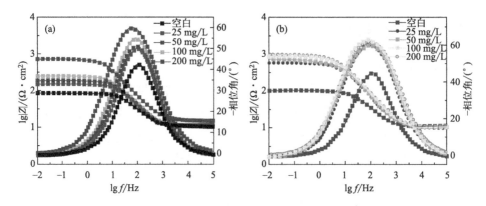

图 3-28 Q235 碳钢在 298 K 不同浓度测试溶液中的伯德曲线

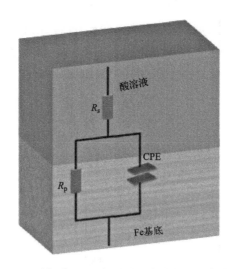

图 3-29 Q235 碳钢在不同浓度测试溶液中的拟合等效电路模型

变有关。可能是缓蚀剂改变了电极表面的电荷分布或减少了电极的活性位点，从而导致了电容的降低。在高浓度下（100 mg/L 和 200 mg/L），C_{dl}值回升，可能是因为高浓度的缓蚀剂导致了吸附层厚度的变化，或电极表面的电荷转移行为发生了改变。而 N-CD1 和 N-CD2 数据拟合度 χ^2 的范围分别在 $2.7 \times 10^{-4} \sim 7.4 \times 10^{-4}$ 和 $3.7 \times 10^{-4} \sim 9.5 \times 10^{-4}$ 之间，说明实验数据和拟合数据的拟合度良好。此外，根据式（2-4）可以计算得到浓度为 200 mg/L 的 N-CD1 和 N-CD2 的缓蚀效率（η_{EIS}）分别为 89.37% 和 90.5%。这是因为碳钢表面存在的 N-CD1 或 N-CD2 形成了吸附膜，阻隔了电子的转移，减缓了 Q235 碳钢的腐蚀速率，从而达到保护金属的目的。N-CD1 和 N-CD2 的伯德图中只显现出一个单峰，表明只有一个时间常数。且随着 N-CD1 和 N-CD2 浓度的增加，相位角峰值增大，峰变宽，进一步说明 N-CD1 和 N-CD2 的添加量影响了其在碳钢表面的吸附量。

表 3-6 Q235 碳钢在有无 N-CD1 的 0.5 mol/L HCl 溶液中的拟合阻抗参数

缓蚀剂	C /(mg/L)	R_s /($\Omega \cdot cm^2$)	Y_0/(10^{-5} S· $s^n \cdot cm^{-2}$)	粗糙度 n	C_{dl} /($\mu F/cm^2$)	R_p /($\Omega \cdot cm^2$)	χ^2 /10^{-4}	θ	η_{EIS} /%
空白组	0	10.38	13.00	0.8680	54.41	73.95	7.376	—	—
N-CD1	25	10.76	9.931	0.8670	11.23	140.9	3.351	0.4752	47.52
	50	10.58	11.64	0.8422	7.700	171.7	2.774	0.5693	56.93
	100	10.36	9.781	0.8485	37.34	234.5	6.111	0.6846	68.46
	200	14.63	6.660	0.8374	36.68	695.6	4.539	0.8937	89.37

表 3-7 Q235 碳钢在有无 N-CD2 的 0.5 mol/L HCl 溶液中的拟合阻抗参数

缓蚀剂	C /(mg/L)	R_s /($\Omega \cdot cm^2$)	Y_0/(10^{-5} S· $s^n \cdot cm^{-2}$)	粗糙度 n	C_{dl} /($\mu F/cm^2$)	R_p /($\Omega \cdot cm^2$)	χ^2 /10^{-4}	θ	η_{EIS} /%
空白组	0	10.47	12.27	0.8586	58.61	91.79	3.702	—	—
N-CD2	25	9.861	6.313	0.8415	33.74	568.8	4.836	0.839	83.9
	50	9.776	7.301	0.8076	36.06	708.8	7.235	0.870	87.0
	100	9.591	6.496	0.8182	34.51	893.5	7.921	0.897	89.7
	200	9.753	6.627	0.7995	33.24	963.0	9.458	0.905	90.5

3.3.3.2 动电位极化曲线

N-CD1 和 N-CD2 动电位极化曲线如图 3-30 所示，对应的 i_{corr}、E_{corr}、β_a、β_c 和 η 如表 3-8 和表 3-9 所示。图 3-30 中动电位极化曲线特征相似，说明 N-CD1 和 N-CD2 的加入并不会影响电极表面反应过程的机理。另外还可以看出，随着 N-CD1 和 N-CD2 浓度的增加，阳极和阴极曲线均朝着低电流密度方向移动，这表明 N-CD1 和 N-CD2 可以有效减缓 Q235 碳钢的腐蚀且具有混合型缓蚀剂的特征。从表 3-8 和表 3-9 中可以看出，随着缓蚀剂浓度的增加，N-CD1 中的腐蚀电位朝负方向移动，而 N-CD2 中的腐蚀电位朝正方向移动；200 mg/L 的 N-CD1 （-338 mV）和 N-CD2 （-411 mV）与空白溶液的最大电位差分别为 18 mV 和 30 mV，均小于 85 mV。这些结果再一次证明 N-CD1 和 N-CD2 属于混合型缓蚀剂[43]，即阳极金属溶解反应和阴极氢离子还原反应同时受到抑制。不同的是，N-CD1 是以抑制阴极氢离子还原反应为主，而 N-CD2 是以抑制阳极金属溶解反应为主。根据式（2-6）计算得到两种缓蚀剂 N-CD1 和 N-CD2 在 200 mg/L 时的缓蚀效率 η_{Tafel} 分别为 89.5% 和 89.7%，缓蚀程度相差不大，均阐明了缓蚀作用是由于 N-CD1 或 N-CD2 吸附在 Q235 碳钢表面形成阻隔膜，从而保护了金属不被进一步腐蚀。

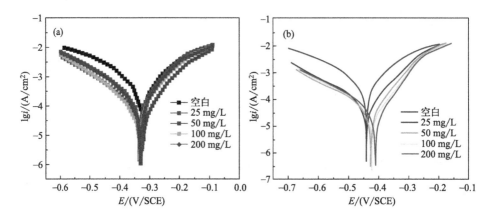

图 3-30 Q235 碳钢在 298 K 不同浓度测试溶液中的动电位极化曲线

（a）N-CD1；（b）N-CD2

表 3-8 Q235 碳钢在有无 N-CD1 的 0.5 mol/L HCl 溶液中的动电位极化曲线参数

缓蚀剂	C /(mg/L)	E_{corr} /(V/SCE)	i_{corr} /(μA/cm^2)	β_a	β_c	θ	η_{Tafel}/%
空白组	0	−0.320	347.8	8.968	7.255	—	—
N-CD1	25	−0.331	139.1	11.386	7.846	0.600	60.0
	50	−0.334	86.67	11.580	7.438	0.751	75.1
	100	−0.335	82.33	11.892	7.737	0.763	76.3
	200	−0.338	36.70	12.661	6.699	0.895	89.5

表 3-9 Q235 碳钢在有无 N-CD2 的 0.5 mol/L HCl 溶液中的动电位极化曲线参数

缓蚀剂	C /(mg/L)	E_{corr} /(V/SCE)	i_{corr} /(μA/cm^2)	β_a	β_c	θ	η_{Tafel}/%
空白组	0	−0.441	264.4	9.659	7.420	—	—
N-CD2	25	−0.440	42.81	11.773	6.669	0.838	83.8
	50	−0.426	37.95	11.962	6.241	0.856	85.6
	100	−0.422	30.50	12.441	7.032	0.885	88.5
	200	−0.411	27.34	13.175	7.017	0.897	89.7

3.3.4 表面分析

对 Q235 碳钢样品在含 200 mg/L N-CD1 或 N-CD2 的 0.5 mol/L HCl 溶液中浸泡前后的状态进行扫描电镜分析，SEM 和 EDS 图像如图 3-31 和图 3-32 所示。

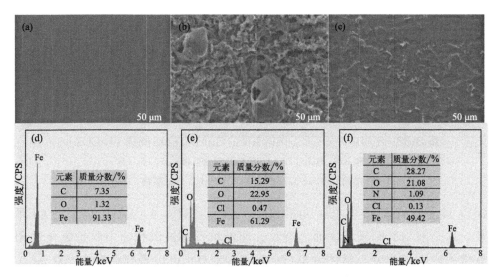

图 3-31 不同条件下 Q235 碳钢表面的 SEM 和 EDS 图像（N-CD1）

（a）和（d）抛光后；（b）和（e）空白溶液；（c）和

（f）含有 200 mg/L N-CD1 的 0.5 mol/L HCl 溶液

图 3-31（a）和图 3-32（a）为未浸泡在 0.5 mol/L HCl 溶液中的 Q235 碳钢样品表面，可以看出样品表面几乎光滑，但有轻微的磨痕。图 3-31（b）和图 3-32（b）为浸泡在不含 N-CD1 或 N-CD2 的 0.5 mol/L HCl 溶液中，从 SEM 显微照片显示，Q235 碳钢样品表面侵蚀得非常严重，有很多裂纹、腐蚀坑及附着在基体表面的腐蚀沉积物。而浸泡在含 N-CD1 或 N-CD2 的 0.5 mol/L HCl 溶液中的 Q235 碳钢样品表面［图 3-31（c）和图 3-32（c）］裂纹、腐蚀坑及腐蚀沉积物明显减少，且表面覆盖着一层膜。这层致密的覆盖膜正是 N-CD1 或 N-CD2 吸附在 Q235 碳钢表面形成的，它阻断了碳钢表面的活性位点，达到了降低金属腐蚀速率的目的。EDS 用于分析基体表面的主要成分。未浸泡在腐蚀介质中的碳钢样品表面［图 3-31（d）和图 3-32（d）］主要的组成元素是 C 元素和 Fe 元素，O 元素含量微乎其微。在腐蚀介质中浸泡 6 h 后的碳钢表面［图 3-31（e）和图 3-32

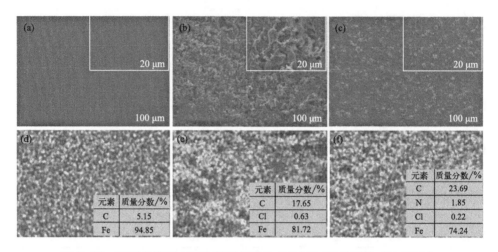

图 3-32 不同条件下 Q235 碳钢表面的 SEM 和 EDS 图像（N-CD2）

（a）和（d）抛光后；（b）和（e）空白溶液；（c）和（f）

含有 200 mg/L N-CD2 的 0.5 mol/L HCl 溶液

（e）］除了含有 C 元素、Fe 元素和 O 元素，还有 0.47％和 0.63％的 Cl 元素。这是因为碳钢样品表面的裂纹、腐蚀坑及腐蚀沉积物主要是氯化铁和氧化铁产物。此外，从图 3-31(f) 和图 3-32(f) 可以看到在含有 200 mg/L N-CD1 或 N-CD2 的 HCl 溶液中的碳钢表面出现了 N 元素，含量分别为 1.09％和 1.85％，说明 N-CD1 和 N-CD2 成功吸附在碳钢表面，形成了保护膜，减少了碳钢与溶液中 O 元素和 Cl 离子的接触，缓解了腐蚀反应的发生。

原子力显微镜（AFM）经常用于研究基体腐蚀过后的表面形貌。AFM 图像显示了 298 K 下 Q235 碳钢样品在 0.5 mol/L HCl 溶液中（含和不含 200 mg/L N-CD1 或 N-CD2）浸泡 72 h 后的表面粗糙度，如图 3-33 所示。所有 Q235 碳钢样品的表面处理与 SEM 测试相同。相比做了抛光处理的 Q235 碳钢样品表面 [图 3-33(a)]，浸泡在空白溶液中的碳钢表面 [图 3-33(b) 和（d)] 存在明显的凹坑和多孔。此外，在 N-CD1 和 N-CD2 存在的情况下 [图 3-33(c) 和（e)]，N-CD1 的平均粗糙度由 2.346 μm 降到了 0.159 μm，N-CD2 的平均粗糙度由 2.359 μm 降到了 0.146 μm，结果进一步证实了 N-CD1 和 N-CD2 的存在可以有效地保护碳钢免受盐酸溶液的侵蚀，且两种掺氮碳量子点引起的平均粗糙度的降低值相差不大。

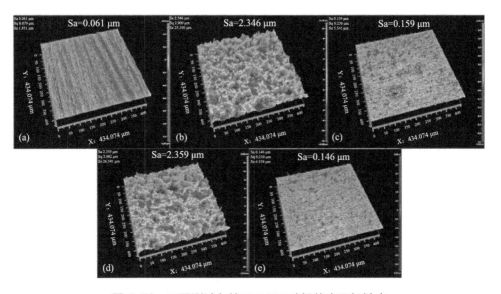

图 3-33 不同测试条件下 Q235 碳钢的表面粗糙度

（a）抛光处理；（b）和（d）空白溶液；（c）含 N-CD1 的 HCl 溶液；
（e）含 N-CD2 的 HCl 溶液

3.3.5　吸附等温线分析

研究了 Q235 碳钢在含不同浓度 N-CD1 或 N-CD2 的 0.5 mol/L HCl 溶液中 72 h 内的腐蚀速率（C_R）和缓蚀效率，并通过计算得到了相应的朗缪尔吸附等温线，结果如图 3-34、表 3-10 和表 3-11 所示。

腐蚀速率和缓蚀效率可以根据式（2-7）和式（2-8）求得，朗缪尔吸附等温线通过式（2-9）获得。图 3-34（a）和（c）显示了 Q235 碳钢在 0.5 mol/L HCl 溶液中不存在和存在 N-CD1 或 N-CD2 的情况下反应 72 h 的腐蚀速率和缓蚀效率的变化，可以清楚地看出 Q235 碳钢的腐蚀速率随着 N-CD1 或 N-CD2 浓度的增加而降低，而缓蚀效率呈现出一种相反的趋势，在 N-CD1 和 N-CD2 浓度为 200 mg/L 时均达到最高的缓蚀效率，分别为 94.45％和 96.2％。图 3-34（b）和（d）分别是计算得到的 N-CD1 和 N-CD2 的朗缪尔吸附等温线，图中 C/θ 和 C 表现出良好的线性关系（拟合相关系数 R^2 分别为 0.99217 和 0.9999），说明 N-CD1 和 N-CD2 在碳钢表面的吸附模式符合朗缪尔吸附。根据吸附等温线计算出 N-CD1 和 N-CD2 的 K_{ads} 值分别为 63.86 L/g 和 265.11 L/g，进一步通过式（2-10）推导出

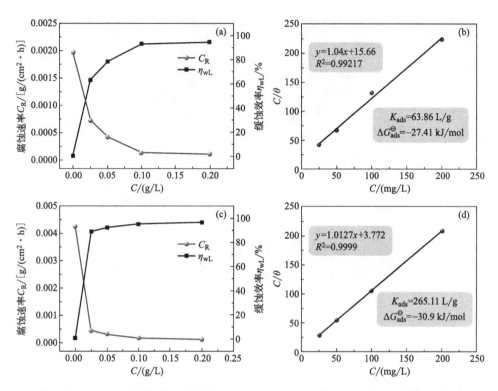

图 3-34 Q235 碳钢在含不同浓度 N-CD1 或 N-CD2 的 0.5 mol/L HCl 溶液中的
腐蚀速率、缓蚀效率及朗缪尔吸附等温线

（a）N-CD1-C_R/η_{wL}；（b）N-CD1 朗缪尔曲线；（c）N-CD2-C_R/η_{wL}；（d）N-CD2 朗缪尔曲线

表 3-10   Q235 碳钢在有无 N-CD1 的 0.5 mol/L HCl 溶液中的腐蚀速率和缓蚀效率

C/(mg/L)	m_0/g	m_1/g	C_R/[g/(cm² · h)]	η_{wL}/%
0	0.8830	0.6793	1.965×10^{-3}	—
25	0.8830	0.8082	7.215×10^{-4}	63.28
50	0.8830	0.8392	4.225×10^{-4}	78.50
100	0.8830	0.8693	1.321×10^{-4}	93.28
200	0.8830	0.8717	1.090×10^{-4}	94.45

表 3-11   Q235 碳钢在有无 N-CD2 的 0.5 mol/L HCl 溶液中的腐蚀速率和缓蚀效率

C/(mg/L)	m_0/g	m_1/g	C_R/[g/(cm² · h)]	η_{wL}/%
0	0.8887	0.3426	4.2×10^{-3}	—
25	0.8887	0.8277	4.7×10^{-4}	88.8
50	0.8887	0.8446	3.4×10^{-4}	91.9

$C/(mg/L)$	m_0/g	m_1/g	$C_R/[g/(cm^2 \cdot h)]$	$\eta_{wL}/\%$
100	0.8887	0.8627	2.0×10^{-4}	95.2
200	0.8887	0.8677	1.6×10^{-4}	96.2

N-CD1 和 N-CD2 吸附反应过程的热力学参数标准吉布斯自由能（$\Delta G_{ads}^{\ominus}$），分别为-27.41 kJ/mol 和-30.9 kJ/mol。标准吉布斯自由能（$\Delta G_{ads}^{\ominus}$）均为负值，说明碳量子点缓蚀剂与碳钢之间的吸附作用是一个自发过程，且满足-40 kJ/mol$<\Delta G_{ads}^{\ominus}<-20$ kJ/mol，意味着两种碳量子点缓蚀剂与 Q235 碳钢表面之间的相互作用既包括化学吸附也包括物理吸附，是一个混合吸附过程。

3.3.6 缓蚀机理分析

为了阐明 N-CD1 和 N-CD2 对金属的防腐蚀机理，有必要弄清碳钢与掺氮型碳量子点之间的相互作用。根据上述讨论，电化学性能和微观形貌证明了在酸性介质中碳钢表面形成了吸附膜，被研究的 N-CD1 和 N-CD2 属于混合型缓蚀剂，即同时影响着阳极和阴极反应。基于此，图 3-35 推测了掺氮型碳量子点缓蚀剂 N-CD1 和 N-CD2 在 0.5 mol/L HCl 溶液中对 Q235 碳钢的缓蚀机理。

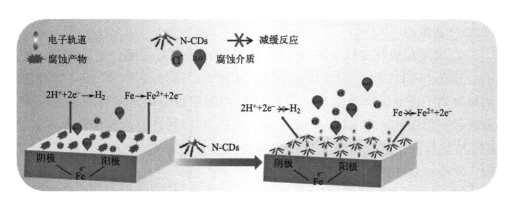

图 3-35 Q235 碳钢在存在 N-CDs 的 0.5 mol/L HCl 溶液中表面的缓蚀机理示意图

阴极 H^+ 还原反应方程：

$$H^+ + e^- \longrightarrow H_{ad} \tag{3-10}$$

$$H^+ + H_{ad} + e^- \longrightarrow H_2 \tag{3-11}$$

Fe 在 HCl 介质中的阳极溶解过程：

$$Fe \rightleftharpoons Fe^+ + e^- \quad (快) \tag{3-12}$$

$$Fe^+ \rightleftharpoons Fe^{2+} + e^- \quad (慢) \tag{3-13}$$

从图 3-30 显示的动电位极化曲线看，随着掺氮型碳量子点的加入，阴极和阳极反应同时受到抑制。不同的是，N-CD1 中是以抑制阴极氢离子还原反应为主，而 N-CD2 中是以抑制阳极金属溶解反应为主。

3.3.7 小结

近年来，碳量子点在防腐领域的应用受到广泛关注。相关文献也报道了使用尿素、邻苯二胺、甘氨酸和柠檬酸铵等作为前驱体，通过水热法合成掺氮型碳量子点，研究结果显示掺氮型碳量子点确实具有良好的缓蚀效果，但水热法合成掺氮型碳量子点的产率过低，阻碍了其规模化的应用。因此本研究在现有的合成高产率碳量子点方法的基础上，寻找不同结构的氮源对碳量子点进行表面修饰，使其成为功能化碳量子点（N-CDs），并通过多种途径探究其缓蚀性能。根据实验数据与理论结合，得出以下重要结论。

① 以尿素和邻苯二胺作为氮源前驱体成功合成了掺氮型碳量子点 N-CD1 和 N-CD2，其纳米颗粒的粒径均匀分布在 10 ～ 20 nm 范围内，通过 FTIR 和 XPS 方法得到了其结构信息，证明了 N-CD1 和 N-CD2 中有大量的含 N 基团。

② 动电位极化曲线表明 N-CD1 和 N-CD2 是良好的混合型缓蚀剂，其 η_{Tafel} 值随 N-CD1 和 N-CD2 浓度的增大而增大。不同的是，N-CD1 以抑制阴极氢离子还原反应为主，而 N-CD2 以抑制阳极金属溶解反应为主。两种缓蚀剂的缓蚀效率 η_{Tafel} 分别为 89.5% 和 89.7%，缓蚀程度相差不大。EIS 结果与极化测试结果一致，推测碳钢表面能形成稳定的碳量子点吸附，有效抑制了碳钢的腐蚀。

③ 表面分析和相应的 EDS 分析为电化学结果提供了有力的支撑，进一步证实了 N-CD1 和 N-CD2 在 0.5 mol/L HCl 溶液中能够有效地保护碳钢免受腐蚀。

④ 结合实验数据和理论研究，可以认为 N-CD1 和 N-CD2 与金属之间的相互作用既存在化学吸附，又存在物理吸附。

第4章

氮/硫掺杂型碳量子点的
腐蚀防护

4.1 有机氮/硫掺杂碳量子点的缓蚀性能

制备的氮掺杂碳量子点作为 Q235 碳钢的缓蚀剂时具有很好的缓蚀性能。为了进一步研究掺杂的碳量子点作为缓蚀剂的性能，以邻苯二胺为氮源和碳源、硫脲提供硫源合成氮/硫共掺杂碳量子点（N，S-CDs），通过其在 1 mol/L 盐酸中对 Q235 碳钢的长时效性和热稳定性的研究，以探究 N，S-CDs 在 Q235 碳钢表面所遵循的吸附方式，并提出其在 Q235 碳钢表面的吸附机理。

4.1.1 制备

实验使用的邻苯二胺（o-phenylenediamine，OPD）和硫脲（thiourea，Tu）均为分析纯，其分子结构如图 4-1 所示。氮/硫掺杂碳量子点（N，S-CDs）的合成路线如图 4-2 所示。

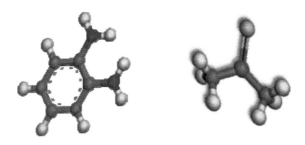

图 4-1 邻苯二胺和硫脲的分子结构

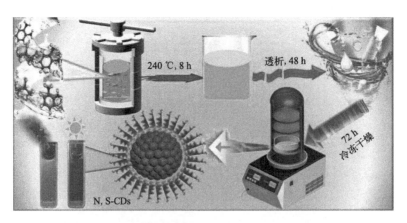

图 4-2 氮/硫掺杂碳量子点（N，S-CDs）合成路线

将邻苯二胺（4.0194 g）和硫脲（1.0902 g）在 60 mL N,N-二甲基甲酰胺和 20 mL 去离子水中混合均匀。将混合液注入反应釜中，在 240 ℃下加热 8 h，结束后冷却至室温。随后利用截留分子量为 1000 的透析袋透析 48 h，以除去未反应的小分子和溶剂。最后将透析液冷冻干燥 3 d，得到紫色固体。制备的 N,S-CDs 的水溶液在光照下为棕色溶液，而在 365 nm 的紫外光下表现出亮黄色荧光现象。

4.1.2 结构表征分析

前驱体邻苯二胺和硫脲以及合成的 N,S-CDs 的 FTIR 光谱如图 4-3 所示。邻苯二胺的 FTIR 光谱显示位于 3373 cm^{-1}、1638 cm^{-1} 和 1585 cm^{-1} 的峰对应—NH$_2$、C=C 和苯环的伸缩振动。除此之外，749 cm^{-1} 处的谱带是苯环的 C—H 由于面外弯曲振动所引起的。在硫脲 FTIR 光谱中，3375 cm^{-1} 和 1608 cm^{-1} 处的峰可归因于—NH$_2$ 官能团的伸缩振动和剪切振动，而 1477 cm^{-1} 处的峰则为 C=S 的伸缩振动。所制备的 N,S-CDs 的特征峰如下：3113 cm^{-1} 附近的宽带峰和 1410 cm^{-1} 的谱带归属于—NH/—OH 和 C—N 的拉伸振动；2056 cm^{-1} 和 1476 cm^{-1} 的峰对应 N=C=S 和 C=S 的伸缩振动；在 1682 cm^{-1} 和 1248 cm^{-1} 处观察到 C=O 伸缩振动和 C—O 伸缩振动的特征峰。由上述分析可得 N,S-CDs 被成功制备。

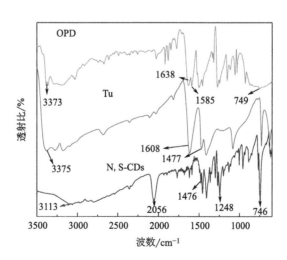

图 4-3 邻苯二胺、硫脲和 N,S-CDs 的 FTIR 光谱

利用 XPS 分析合成的 N,S-CDs 的化学组成和价态，XPS 全谱 [图 4-4(a)] 主要在 285.93 eV、532.45 eV、400.89 eV 和 169.81 eV 处呈现出四个峰。这些峰分别对应 C 1s（70.93%，原子百分数）、O 1s（11.90%）、N 1s（11.91%）和 S 2p（3.6%）。如图 4-4(b) 所示，C 1s 光谱表明 C═N（285.58 eV）、C—N（286.98 eV）、C—S（287.68 eV）和 O—C—N（288.33 eV）的存在。N 1s 光谱 [图 4-4(c)] 呈两个峰，即吡咯 N（399.33 eV）和石墨 N（401.18 eV）。S $2p_{3/2}$ 光谱 [图 4-4(d)] 在 164.38 eV 和 162.73 eV 处的峰对应 C—S。此外，S $2p_{1/2}$ 在 169.23 eV 处的峰归因于—C—SO$_x$—。C 1s、N 1s 和 S 2p 光谱中分峰表明存在 C═N 和 C—S。这些结果证实 N,S-CDs 是成功掺杂了氮原子和硫原子且具有良好水溶性的碳量子点。

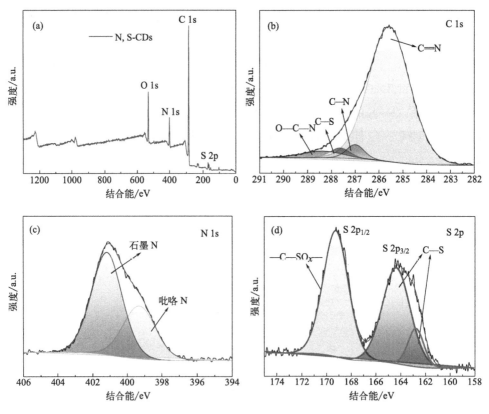

图 4-4 N,S-CDs 的 XPS 光谱

(a) 全谱；(b) C 1s；(c) N 1s；(d) S 2p

采用 TEM 研究 N,S-CDs 的形态和尺寸大小。如图 4-5 所示，N,S-CDs 是由不均匀的球形纳米颗粒构成，平均尺寸在 5～7 nm 的范围内，小于 10 nm，则表明 N,S-CDs 具有量子级的尺寸大小。TEM 图像显示 N,S-CDs 在水溶液中呈现分散状，即表明 N,S-CDs 具有良好的水溶性。

图 4-5　N,S-CDs 的 TEM 图像

4.1.3　电化学分析

4.1.3.1　电化学阻抗谱

EIS 通常被用于研究金属/溶液界面的电化学反应。图 4-6 展示了 Q235 碳钢在含不同浓度 N,S-CDs 的 1 mol/L HCl 溶液中的奈奎斯特和伯德图。奈奎斯特图表现为凹陷的半圆弧，主要是由碳钢表面的不均匀性造成的。由此图可知，加入 N,S-CDs 缓蚀剂后的半圆直径明显大于空白溶液，由此说明 N,S-CDs 缓解了金属的腐蚀。伯德图中的相位角在 90°以下出现一个脊峰，意味着腐蚀过程中包含一个时间常数，即一个弛豫过程。由此说明腐蚀反应中存在类似于受电位变化扰动以控制双电层充放电的过程。充电和放电的速度决定了容抗的大小。伯德图中阻抗模量的对数参数的变化表明随着 N,S-CDs 的浓度逐渐增大，阻抗值增大。由此表明，N,S-CDs 对 Q235 碳钢在盐酸溶液中的腐蚀反应有良好的阻碍作用。

拟合 EIS 曲线的等效电路如图 3-15 所示。电极表面的腐蚀过程相当于一个简单的电路，由 R_s、R_p 和 CPE 组成。CPE 阻抗值的计算公式见

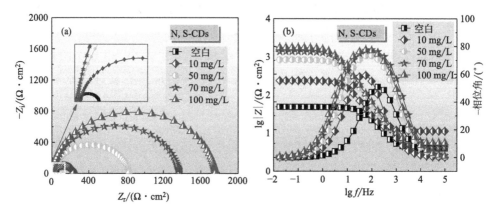

图 4-6 （a）Q235 碳钢在含不同浓度 N,S-CDs 的 1 mol/L HCl
溶液中的奈奎斯特图；（b）相应的伯德图

式(2-1)。等效电路中 CPE 对应的 C_{dl} 可以由式(2-2)获得。而双电层电
容器充放电的弛豫过程响应的弛豫时间常数 τ 由式(4-1)计算：

$$\tau = C_{dl}R_p \qquad (4-1)$$

等效电路和腐蚀过程中的电化学阻抗谱拟合度由卡方值 χ^2 确定［式
(4-2)］。χ^2 在 $10^{-3} \sim 10^{-5}$ 区间内则表示拟合度良好。

$$\chi^2 = \sum_{i=1}^{n} \left\{ \frac{[Z_i'(\omega_i,\ \vec{p}) - a_i]^2}{a_i^2 + b_i^2} + \frac{[Z_i''(\omega_i,\ \vec{p}) - b_i]^2}{a_i^2 + b_i^2} \right\} \qquad (4-2)$$

式中，ω_i、a_i 和 b_i 表示实验数据点；Z_i' 和 Z_i'' 表示计算点；$\vec{p}$ 是相关
的参数。等效电路拟合得到的数据如表 4-1 所示。χ^2 值在 $4.210 \times 10^{-4} \sim$
2.161×10^{-3} 范围内，表明等效电路与实际反应的拟合度良好，即可详细
说明反应过程。R_p 值随着 N,S-CDs 浓度的增加呈规律性增加，直接表明
了 N,S-CDs 抑制了电子转移过程，缓解了金属腐蚀。除此之外，N,S-
CDs 浓度的增加也导致双电层电容的相对降低。这种现象可以用亥姆霍兹
模型进一步解释电极反应状况，即双电层电容的降低是由于 Q235 碳钢表
面吸附了 N,S-CDs，使双电层的厚度增加，隔离了电极与溶液之间的反
应，从而抑制碳钢的腐蚀。空白溶液和添加 100 mg/L N,S-CDs 后的弛豫
时间常数分别为 0.0033 s 和 0.0561 s。由此表明该缓蚀剂有效地减缓了弛
豫过程，进而提高了电容电阻，缓解了 Q235 碳钢在酸性介质中的腐蚀。
N,S-CDs 对碳钢的缓蚀效率高达 97.4%，表明制备的 N,S-CDs 可以高效
抑制 Q235 碳钢在 1 mol/L HCl 溶液中的腐蚀。

表 4-1 EIS 曲线拟合参数

缓蚀剂	C /(mg/L)	R_s /($\Omega \cdot cm^2$)	Y_0/(10^{-6} S $\cdot$ $s^n \cdot cm^{-2}$)	n	C_{dl} /($\mu F/cm^2$)	R_p /($\Omega \cdot cm^2$)	τ/s	χ^2 /10^{-3}	η_{EIS} /%	SD
空白组	0	3.98	131.1	0.90	74.06	44.7	0.0033	2.16	—	0.002
N,S-CDs	10	5.25	106.4	0.92	76.97	226.9	0.0175	0.46	80.3	0.012
	50	5.89	48.76	0.92	36.88	827.5	0.0305	0.42	94.6	0.057
	70	4.07	38.66	0.93	30.98	1367.0	0.0423	1.81	96.7	0.012
	100	5.23	39.21	0.93	32.05	1752.0	0.0561	1.17	97.4	0.011

4.1.3.2 动电位极化曲线

采用 PDP 测试评价了合成的 N,S-CDs 在 1 mol/L HCl 溶液中对 Q235 碳钢的缓蚀效果（图 4-7）。通过 PDP 分析得到的数据列于表 4-2。由表可知，位于缓蚀剂体系中的碳钢表面反应的 E_{corr} 值接近空白溶液的值，其差异小于 85 mV。而且，随着缓蚀剂浓度的增加，i_{corr} 明显下降。这一趋势表明 N,S-CDs 是混合型缓蚀剂且具有有效的防腐蚀能力。正如 PDP 曲线所示，随着 N,S-CDs 浓度的增加，其阴极极化曲线的斜率与空白溶液的趋于平行，表明缓蚀剂不影响阴极的反应过程。但缓蚀剂的加入增加了氢离子的还原过电位，则表明其抑制了氢离子在界面的迁移过程，从而减缓了腐蚀速率。缓蚀剂的加入也使阳极极化曲线波动较大，相应的 β_a 值呈整体下降趋势。由此说明，缓蚀剂的抑制作用主要集中在金属界

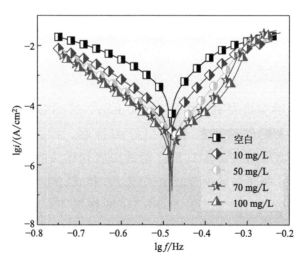

图 4-7 Q235 碳钢在含不同浓度 N,S-CDs 的盐酸溶液中的 PDP 曲线（298 K）

面处的阳极反应，也说明缓蚀剂的吸附极大地阻碍了电子转移过程，从而提高了缓蚀效率。由表 4-2 可知，100 mg/L N,S-CDs 的缓蚀效率高达 97.8%，证实了 100 mg/L 的 N,S-CDs 在 1 mol/L HCl 溶液中对 Q235 碳钢具有优异的缓蚀效果。

由塔费尔（Tafel）曲线分析可知，Q235 碳钢表面电极的极化电阻可由 Stern-Geary[44] 式（4-3）获得。

$$R_p = \frac{\beta_a \beta_c}{2.303(\beta_a + \beta_c)} \times \frac{1}{i_{corr}} \tag{4-3}$$

如表 4-2 所示，空白溶液下的 R_p 远小于缓蚀剂体系的，并且随着缓蚀剂浓度的增加，R_p 不断增加，表明 N,S-CDs 对腐蚀反应的阻碍作用增强。由此也证实了 N,S-CDs 具有有效减缓碳钢腐蚀的作用。

表 4-2　Q235 碳钢在不存在和存在 N,S-CDs 的 1 mol/L HCl 溶液中的塔费尔曲线分析参数

缓蚀剂	C /(mg/L)	E_{corr} /(V /SCE)	i_{corr} /(μA /cm²)	β_a /(mV /dec)	$-\beta_c$ /(mV /dec)	R_p /($\Omega \cdot$ cm²)	C_R /(mm /a)	θ	η_{Tafel} /%	SD
空白组	0	−0.483	355.60	93.91	124.47	65.36	3.89	/	/	0.026
N,S-CDs	10	−0.485	49.90	72.06	100.47	365.15	0.61	0.860	86.0	0.052
	50	−0.481	16.92	67.34	96.11	1016.16	0.19	0.954	95.4	0.003
	70	−0.480	10.35	58.87	97.30	1538.77	0.12	0.971	97.1	0.006
	100	−0.485	7.84	57.33	80.97	1858.98	0.09	0.978	97.8	0.003

4.1.4　失重测试

由以上电化学实验表明，在含有 100 mg/L N,S-CDs 的 1 mol/L HCl 溶液中，Q235 碳钢的腐蚀得到了很好的抑制。因此分别在不含和含 100 mg/L N,S-CDs 的 1 mol/L HCl 溶液中研究样品的腐蚀速率和缓蚀效率。腐蚀速率 C_R 和缓蚀效率 η_{wL} 由式（2-7）和式（2-8）计算。

在不存在和存在 100 mg/L N,S-CDs 的情况下，温度和持续时间对 Q235 碳钢在 1 mol/L HCl 溶液中的腐蚀速率和缓蚀效率的影响见表 4-3。在 298 K 下，Q235 碳钢在含缓蚀剂的盐酸溶液中的腐蚀速率明显低于空白溶液，缓蚀效率高达 96.77%。此外在 298 K 下缓蚀剂对 Q235 碳钢的

缓蚀性能随着浸泡时间的增加而略有增强。在 313 K 下浸泡 24 h 和 48 h 时，N,S-CDs 的缓蚀效率分别为 95.29% 和 96.92%。在 72 h 时其值下降，说明在 313 K 下浸泡 48～72 h 时，制备的 N,S-CDs 的缓蚀性能会减弱，但仍具有良好的缓蚀效果。相反，缓蚀剂在 333 K 下的缓蚀能力不明显，可以近似为没有缓蚀作用。综上可知，缓蚀剂 N,S-CDs 在 313 K 及以下时具有优异的缓蚀效果，在 313 K 下浸泡 48 h 时缓蚀效果最佳。

表 4-3　Q235 碳钢在 298～333 K 下浸入含 100 mg/L N,S-CDs 的 1 mol/L HCl 溶液中 24～72 h 后的腐蚀速率和缓蚀效率

组别	时间 /h	298 K		313 K		333 K	
		C_R /[mg/(cm²·h)]	η_{wL} /%	C_R /[mg/(cm²·h)]	η_{wL} /%	C_R /[mg/(cm²·h)]	η_{wL} /%
空白组	24 h	1.2103	—	3.7165	—	7.1230	—
	48 h	1.4236	—	2.5198	—	3.6744	—
	72 h	1.2645	—	1.8225	—	2.4409	—
100 mg/L N,S-CDs	24 h	0.0558	95.39	0.1749	95.29	4.6751	34.37
	48 h	0.0577	95.95	0.0775	96.92	3.4375	6.44
	72 h	0.0409	96.77	0.2575	85.87	2.3347	4.35

4.1.5　表面分析

图 4-8(a)～(f) 展示了 Q235 碳钢表面在空白溶液中以及在含 150 mg/L N,S-CDs 的 HCl 溶液中浸泡 6 h 前后的微观图像。抛光后的 Q235 碳钢表面相对光滑 [图 4-8(a)]。浸入空白溶液后的表面显示出带有不规则凹槽的严重腐蚀坑 [图 4-8(b)]。而浸入含缓蚀剂的盐酸溶液中的碳钢样品呈现出相对平坦的表面，表面凹坑显著减少 [图 4-8(c)]。图 4-8(d) 显示了抛光后的 Q235 碳钢的 EDS 分析，由此可知其表面主要由铁和碳元素组成。而浸入过 1 mol/L HCl 溶液中的样品表面 [图 4-8(e)] 氧和氯元素明显增加，而铁元素的含量相对减少。由此表明盐酸溶液加速了铁溶解反应，并生成了氧化铁和氯化铁。相反，添加了缓蚀剂的 EDS 谱图 [图 4-8(f)] 中检测到氮和硫元素的存在，由此可直接表明 N,S-CDs 成功吸附在

碳钢表面。

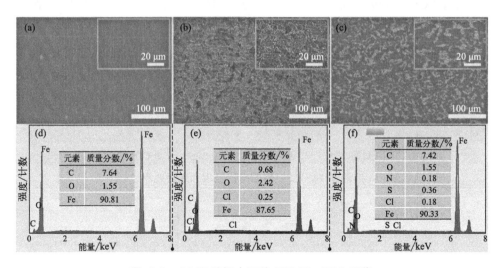

图 4-8　Q235 碳钢表面的 SEM 和 EDS 图像

（a）和（d）抛光的；（b）和（e）空白溶液；（c）和（f）含有 150 mg/L
N,S-CDs 的 1 mol/L HCl 溶液

　　碳钢表面的微观形貌和润湿性分别用 AFM 和 CAM 观察，其结果如图 4-9 所示。碳钢在不同条件下的 2D 和 3D 表面形貌如图 4-9（a）～（c）。由图可知，抛光后的碳钢表面平整，相对粗糙度（R_a）为 6.632 nm［图 4-9（a）］。浸入腐蚀介质中的碳钢表面的 3D 形貌显示出多个凸起。二维形貌线扫描后得到的图像显示碳钢表面的凹坑深度波动很大，其粗糙度增加到 220.6 nm。值得注意的是，添加缓蚀剂后碳钢表面的 3D 形貌明显更平坦，线扫描结果也显示表面深度分布更均匀，表面粗糙度显著下降至 26.62 nm。由以上可知，缓蚀剂在碳钢表面形成了均匀的吸附膜，进而起到有效抑制腐蚀的作用。图 4-9（d）所示获得的抛光、未添加缓蚀剂和添加缓蚀剂样品的接触角分别为 89°、26° 和 17°。空白溶液中腐蚀样品获得的接触角较低，归因于腐蚀导致水滴更容易扩散。但有趣的是，含有缓蚀剂的体系的接触角进一步下降。这可能是由于金属表面形成了致密的保护膜，而其保护膜外层由于缓蚀剂本身含有羟基、氨基和巯基等许多亲水基团，进而造成接触角下降，而吸附膜内层为疏水性，阻止了铁的溶解反应。

　　被 N,S-CDs 吸附的碳钢表面的 XPS 全谱如图 4-10（a）所示，Q235

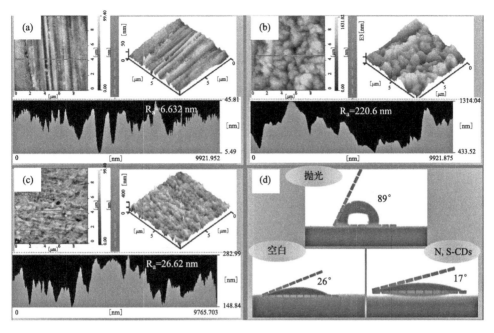

图 4-9 碳钢在不同状态下的 2D 和 3D 的 AFM 图像以及对应的 CAM 图像

（a）抛光；（b）不含缓蚀剂的 1 mol/L HCl 溶液；（c）含 100 mg/L 的 N,S-CDs
在 1 mol/L HCl 溶液；（d）接触角

碳钢表面的主要成分是铁（8.86%，原子比）、碳（51.29%）、氧（31.39%）、氮（4.71%）、硫（2.65%）。Fe $2p_{3/2}$、C 1s、O 1s、N 1s 和 S 2p 特征峰的高分辨率光谱如图 4-10(b)~(f) 所示。Fe $2p_{3/2}$ 的高分辨率光谱在 706.73 eV、710.18 eV 和 711.88 eV 处对应 Fe、FeO 和 Fe_2O_3/FeOOH 三个峰[45]。C 1s 光谱呈现三个峰，284.48 eV、285.83 eV 和 287.78 eV 对应 C—C/C—N、C=N 和 C—S/C=O。O 1s 光谱呈现 529.38 eV 和 530.88 eV 的两个峰，其分别为 Fe_2O_3/Fe_3O_4 和 FeOOH 的特征峰[45]。高分辨率 N 1s 光谱呈现两个峰，即 398.78 eV 和 400.18 eV 处的峰，对应 C—N 和 N—Fe。S 2p 光谱被解卷积为两个峰，由此证实了 C—S(S $p_{3/2}$，162.68 eV) 和 C=S（S $p_{1/2}$，168.13 eV）的存在。XPS 结果表明了 Q235 碳钢表面存在 N,S-CDs，由此可以推测保护膜其实是由吸附的缓蚀剂与形成的不同氧化铁产物一起组成，进而达到减缓碳钢腐蚀的目的。

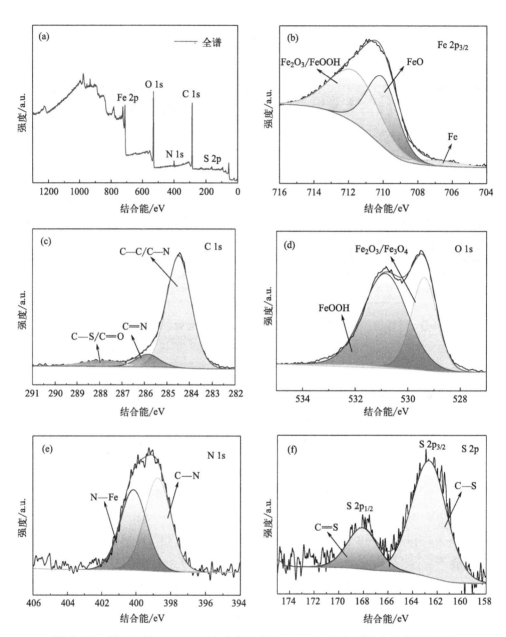

图 4-10 Q235 碳钢表面浸泡在含缓蚀剂的 1 mol/L HCl 溶液中的 XPS 光谱

（a）全谱；（b）Fe 2p$_{3/2}$；（c）C 1s；（d）O 1s；（e）N 1s；（f）S 2p

4.1.6 吸附等温线分析

为了探索制备的 N,S-CDs 的缓蚀吸附机理，我们研究了三种吸附等温模型。朗缪尔等温线模型［式(4-4)］描述了分子作为单层吸附在均匀表面上的平衡状态。弗罗因德利希等温线模型［式(4-5)］用于解释非均匀表面上的多层吸附。特姆金等温线模型［式(4-6) 和式(4-7)］说明了间接吸附剂和吸附物之间相互作用的影响。

朗缪尔等温线

$$\frac{C}{\theta} = \frac{\theta}{K_{ads}} + C \tag{4-4}$$

弗罗因德利希等温线

$$\log\theta = \log K_{ads} + \frac{1}{n}\log C \tag{4-5}$$

特姆金等温线

$$\exp(-2\beta\theta) = K_{ads}C \tag{4-6}$$

$$\theta = \frac{1}{-2\beta}\ln C + \frac{1}{-2\beta}\ln K_{ads} \tag{4-7}$$

式中，C 为 N,S-CDs 的浓度；θ 为 Q235 碳钢表面的覆盖度；n 为表面不均匀性；β 为吸附质的相互作用因子；K_{ads} 为吸附平衡常数。

图 4-11 显示了缓蚀剂在不同吸附等温线模型中的拟合吸附等温线。从线性拟合结果可以看出，N,S-CDs 与朗缪尔吸附等温线模型的拟合效果最好，拟合相关系数（R^2）为 0.99996。计算吸附平衡常数（K_{ads}）为 574.51 L/g。吸附的性质可以通过标准吉布斯自由能来判断，计算出 N,S-CDs 的 $\Delta G_{ads}^{\ominus}$ 为 -32.86 kJ/mol。由此可知在 N,S-CDs 的整个吸附过程中发生了物理吸附和化学吸附。因此结果表明，N,S-CDs 通过物理和化学相互作用在 Q235 碳钢表面形成单层吸附膜，从而抑制了表面的活性位点，减缓了碳钢的腐蚀。

4.1.7 缓蚀机理分析

结合电化学实验、表面分析和热力学分析推断出 N,S-CDs 在 1 mol/L HCl 溶液中对 Q235 碳钢表面的缓蚀机理如图 4-12 所示。Q235 碳钢在 1 mol/L HCl 溶液中的电化学腐蚀主要涉及铁原子的阳极反应和氢离子的

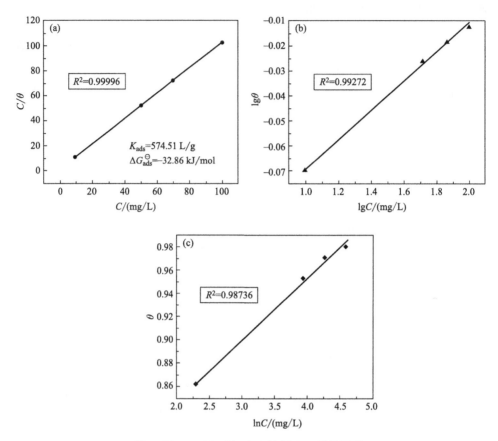

图 4-11 Q235 碳钢表面的拟合吸附等温线

（a）朗缪尔；（b）弗罗因德利希；（c）特姆金

图 4-12 Q235 碳钢表面 N, S-CDs 的缓蚀机理

　　碳基缓蚀剂在金属腐蚀防护中的应用

还原反应。其反应过程如下：

$$Fe+H_2O \Longleftrightarrow Fe(H_2O)_{ads} \tag{4-8}$$

$$Fe(H_2O)_{ads} \Longleftrightarrow Fe(OH^-)_{ads}+H^+ \tag{4-9}$$

$$Fe(OH^-)_{ads} \Longleftrightarrow (FeOH)_{ads}+e^- \tag{4-10}$$

$$(FeOH)_{ads} \longrightarrow FeOH^++e^- \tag{4-11}$$

$$FeOH^++H^+ \Longleftrightarrow Fe^{2+}+H_2O \tag{4-12}$$

$$H^++e^- \longrightarrow H_{ads} \tag{4-13}$$

$$2H_{ads} \longrightarrow H_2 \uparrow \tag{4-14}$$

推测该缓蚀剂会形成半电池反应的缓蚀保护膜：

$$Fe+缓蚀剂 \Longleftrightarrow [Fe(0) 缓蚀剂] \tag{4-15}$$

我们了解到碳钢表面中铁原子存在晶格缺陷，容易吸附水分子并释放出铁离子，进而增加表面活性铁原子的数量，导致金属氧化溶解。电化学实验表明，缓蚀剂 N,S-CDs 有效地阻止了表面的电子转移，朗缪尔吸附等温线也表明 N,S-CDs 在表面发生了物理和化学吸附。因此可以推断加入缓蚀剂后，N,S-CDs 取代 H_2O 分子与铁原子未被占据的 3d 轨道配位形成吸附膜，从而抑制电子传递通道。此外，N,S-CDs 与金属原子之间的相互静电引力进一步增强了表面吸附膜的阻碍能力；另一方面保护膜也起到阻碍氢离子俘获电子的作用，由此减少了氢原子渗入金属所造成的应力损伤。

4.1.8 小结

氮/硫掺杂型碳量子点（N,S-CDs）是由邻苯二胺和硫脲作为前驱体使用水热法合成的。合成后的 N,S-CDs 富含极性基团，尺寸小于 10 nm。电化学实验表明，100 mg/L N,S-CDs 在 1 mol/L HCl 溶液中对碳钢表现出优异的缓蚀性能，缓蚀效率高达 97.8%。失重实验表明，缓蚀剂在低温下短时间内具有显著的缓蚀效率。表面分析表明，N,S-CDs 在碳钢表面形成的吸附膜有效缓解了界面腐蚀。N,S-CDs 的吸附方式与朗缪尔等温线最为一致，即 N,S-CDs 在碳钢表面发生了物理和化学吸附。

4.2 有机无机氮硫掺杂碳量子点的缓蚀性能

选择有机氮、硫源为前驱体合成的 N,S-CDs 在酸性介质中对碳钢具有很好的缓释性能。基于文献中对掺杂型碳量子点的研究，欲得到更高效的掺杂型碳量子点缓蚀剂，进一步提出选择掺杂 N 元素的同时，掺杂具有孤对电子的 S 元素以增加多活性中心。因此，选择常见的具有缓蚀作用的硫脲为氮、硫源前驱体合成 N,S-CD1。除此之外，还选择了无机盐硫化钠和尿素作为氮、硫源前驱体合成 N,S-CD2 与之进行对比。两种氮/硫掺杂型碳量子点的缓蚀性能利用电化学测试和失重测试进行评估，并结合缓蚀剂在金属表面的吸附方式提出 N,S-CD1 和 N,S-CD2 在碳钢表面的缓蚀机理。

4.2.1　制备

实验中，硫化钠和硫脲均为分析纯级，其间没有再次纯化，硫脲的分子结构如图 4-13 所示。氮/硫掺杂碳量子点（N,S-CDs）合成路线如图 4-14所示。

图 4-13　硫脲的分子结构

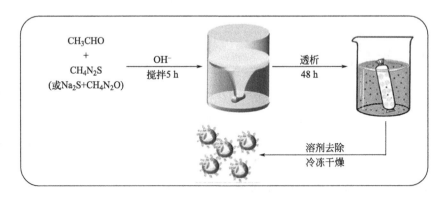

图 4-14　N,S-CD1 和 N,S-CD2 合成路线示意图

室温下，将硫化钠（4 g）和尿素（4 g）或硫脲（4 g）作为氮源、硫源前驱体分别溶解于 40 mL 的 40％乙醛中，再缓慢加入 NaOH（12 g），搅拌 5 h 后反应完成。搅拌过程中加入一定量的稀盐酸和去离子水，反应结束后抽滤留取下层溶液。利用截留分子量为 1000 的透析袋透析 48 h 去除未反应的小分子化合物，每 3 h 换一次水。最后，纯化后的液体置于冷

冻干燥机内，冷冻干燥两天一夜，得到深棕色固体粉末 N,S-CD1 和浅黄色固体粉末 N,S-CD2。

4.2.2 结构表征分析

采用 FTIR 光谱法分析 N,S-CD1 和 N,S-CD2 的吸收峰，并通过透射电镜分析 N,S-CDs 的形貌和尺寸分布，以确认 N,S-CD1 和 N,S-CD2 的成功转换。如图 4-15(a) 所示，所制备的 N,S-CD1 特征峰如下：3422 cm^{-1} 附近的宽带峰归属于—OH／—NH 拉伸振动。—C—N、—C—O/—S═O 和 —C—S 分别对应 1386 cm^{-1}、1112 cm^{-1} 和 995 cm^{-1} 处的峰值。而 N,S-CD2 的 FTIR 光谱 [图 4-15(b)] 中 1371 cm^{-1}、1140 cm^{-1} 和 829 cm^{-1}

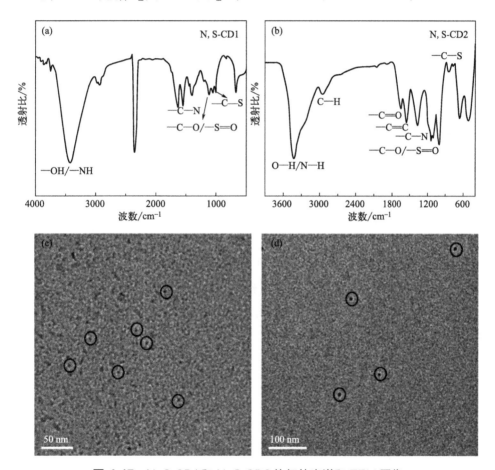

图 4-15 N,S-CD1 和 N,S-CD2 的红外光谱和 TEM 图像
(a) FTIR-(N,S-CD1)；(b) FTIR-(N,S-CD2)；(c) TEM-(N,S-CD1)；(d) TEM-(N,S-CD2)

处的峰分别代表—C—N 伸缩振动、—C—O/—S═O 伸缩振动和—C—S 伸缩振动的特征峰。另外可观察到 3408 cm⁻¹、2946 cm⁻¹、1637 cm⁻¹ 和 1539 cm⁻¹ 处均存在特征峰，分别表示—OH/—NH 拉伸振动、—CH 剪切振动、—C═O 伸缩振动和—C═C 伸缩振动。采用 TEM 研究 N,S-CD1 和 N,S-CD2 的形态及尺寸大小。如图 4-15(c)（d）所示，N,S-CD1 和 N,S-CD2 均由不规则的类球形纳米颗粒组成，尺寸小于 10 nm。以上分析可知 N,S-CDs 的成功制备。

利用 XPS 光谱分析合成的 N,S-CD1 和 N,S-CD2 的元素组成及价态。N,S-CD1 和 N,S-CD2 的 XPS 全谱图 ［图 4-16(a) 和 （d)］ 说明 N,S-CDs 中主要含 C、N、S 和 O 原子。N,S-CD1 的 N 1s 光谱 ［图 4-16(b)］ 得到一个峰，即吡啶 N （399.18 eV）。另外值得关注的是 S 2p 光谱 ［图 4-16(c)］ 中的两个峰与 S $2p_{1/2}$ 和 S $2p_{3/2}$ 有关。其中，S $2p_{3/2}$ 光谱中的 162.78 eV 对应 C—S。S $2p_{1/2}$ 光谱中的 168.98 eV 归因于—C—SO$_x$—。N,S-CD2 的 N 1s 光谱 ［图 4-16(e)］ 拟合成两个峰，401.63 eV 和 399.83 eV 分别代表吡啶 N 和吡咯 N。S 2p 光谱 ［图 4-16(f)］ 中，169.98 eV 归属于—C—SO$_x$—，164.13 eV 和 165.68 eV 对应 C—S。XPS 光谱分析数据进一步证实了 N,S-CDs 中成功掺杂了 N 原子和 S 原子。

4.2.3 电化学分析

4.2.3.1 电化学阻抗谱

采用电化学阻抗谱（EIS）研究了 Q235 碳钢在存在和不存在 N,S-CD1 或 N,S-CD2 的 0.5 mol/L HCl 溶液中的缓蚀行为，对应的奈奎斯特图和伯德图如图 4-17 所示。由图观察到，N,S-CD1 和 N,S-CD2 的奈奎斯特图和伯德图形状相似，且均表现出随着 N,S-CD1 或 N,S-CD2 浓度的增大而增大，阻抗弧曲率半径逐渐增大的规律。阻抗弧曲率半径的变化主要与 N,S-CD1 和 N,S-CD2 在碳钢表面的吸附有关，N,S-CD1 或 N,S-CD2 吸附在碳钢表面形成由粒子组成的致密吸附膜，使得铁离子只能穿透薄膜的局部区域形成阳极电流，电流分布不均匀，分散效应系数减小，导致阻抗弧弧度变平，曲率半径增大。在伯德图中可以看到，中频只有一个时间常数出现，这与电双层电容有关，表明只有一个弛豫过程。另外，在含高浓度 N,S-CD1 或 N,S-CD2 的溶液中，相位角图显示出较宽的信号，表明形成的吸附膜致密且多孔性较低。最大相位角峰值随 N,S-CD1 或 N,S-CD2

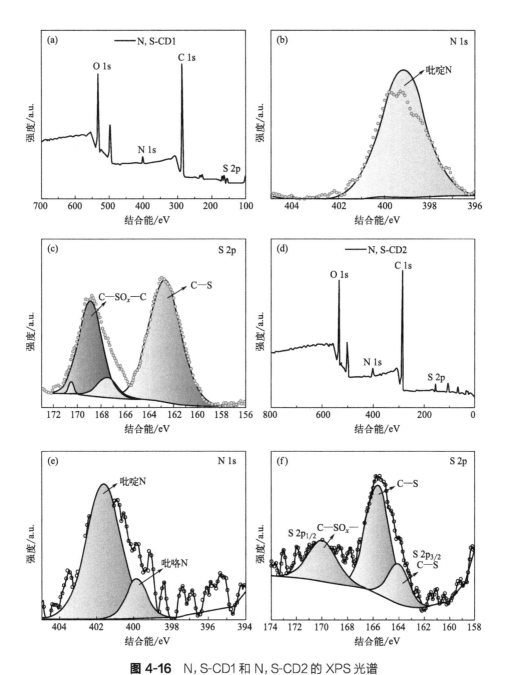

图 4-16 N，S-CD1 和 N，S-CD2 的 XPS 光谱

（a）N，S-CD1 全谱；（b）N 1s-(N，S-CD1)；（c）S 2p-(N，S-CD1)；（d）N，S-CD2 全谱；

（e）N 1s-(N，S-CD2)；（f）S 2p-(N，S-CD2)

浓度的增大而增大，这是因为 N,S-CD1 或 N,S-CD2 吸附在金属表面阻断了金属表面部分活性位点，致使吸附膜的孔隙尺寸变小，阻碍了腐蚀性物质的传输。总之，N,S-CD1 或 N,S-CD2 缓蚀剂在金属表面形成了一层有效薄膜，对碳钢起到了明显的保护效果。

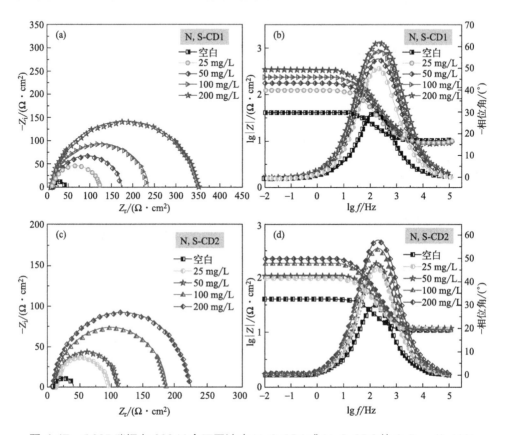

图 4-17 Q235 碳钢在 298 K 含不同浓度 N,S-CD1 或 N,S-CD2 的 0.5 mol/L HCl 溶液中的奈奎斯特曲线和伯德曲线

(a) 和 (b) N,S-CD1；(c) 和 (d) N,S-CD2

然后提出等效电路图以便更好地拟合 EIS 曲线参数，等效电路图如图 4-18 所示。电路图中的 R_s、CPE 和 R_p 分别代表溶液电阻、非理想电容元件和极化电阻。

通过等效电路拟合得到的 N,S-CD1 和 N,S-CD2 的电化学参数如表 4-4 和表 4-5 所示。χ^2 值在 $10^{-5} \sim 10^{-3}$ 之间，说明实际电化学反应与等效电路拟合良好，可用于解释实际的反应过程。对比空白组，随着 N,S-CD1 或 N,S-CD2 缓蚀剂浓度的增加，C_{dl} 均表现出逐渐减小的趋势。这是

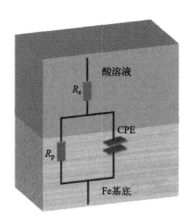

图 4-18 Q235 碳钢在不同浓度测试溶液中的拟合等效电路模型

因为水的介电常数远大于 N,S-CDs 的介电常数，且 N,S-CDs 吸附层的厚度较大，所以由 N,S-CD1 或 N,S-CD2 组成的界面层的电容明显较小。另外可以观察到，随着 N,S-CD1 或 N,S-CD2 浓度的增大，R_p 值也在逐渐增大，表明 N,S-CD1 或 N,S-CD2 的加入抑制了电子转移过程，形成的吸附膜对金属的腐蚀起到明显的抑制作用。两种缓蚀剂的缓蚀效率 η_{EIS} 可根据式(2-4)计算。

表 4-4　Q235 碳钢在有无 N,S-CD1 的 0.5 mol/L HCl 溶液中的拟合阻抗参数

缓蚀剂	C /(mg/L)	R_s /($\Omega \cdot cm^2$)	Y_0/(10^{-5} S · $s^n \cdot cm^{-2}$)	n	C_{dl} /($\mu F/cm^2$)	R_p /($\Omega \cdot cm^2$)	χ^2 /10^{-4}	θ	η_{EIS} /%
空白	0	10.58	14.33	0.8833	69.71	29.87	6.091	—	—
N,S-CD1	25	9.855	5.966	0.8846	31.08	113.2	10.10	0.736	73.6
	50	9.537	4.567	0.8798	23.44	165.9	7.389	0.820	82.0
	100	9.251	3.754	0.8825	19.91	227.4	12.84	0.869	86.9
	200	9.291	3.001	0.8860	16.66	343.7	4.469	0.913	91.3

表 4-5　Q235 碳钢在有无 N,S-CD2 的 0.5 mol/L HCl 溶液中的拟合阻抗参数

缓蚀剂	C /(mg/L)	R_s /($\Omega \cdot cm^2$)	Y_0/(10^{-5} S · $s^n \cdot cm^{-2}$)	n	C_{dl} /($\mu F/cm^2$)	R_p /($\Omega \cdot cm^2$)	χ^2 /10^{-4}	θ	η_{EIS} /%
空白	0	10.58	14.33	0.8833	69.71	29.87	6.091	—	—
N,S-CD2	25	11.43	5.595	0.9119	33.40	85.69	67.90	0.651	65.1
	50	11.80	4.528	0.9220	28.67	99.36	112.7	0.699	69.9

缓蚀剂	C /(mg/L)	R_s /(Ω·cm²)	Y_0/(10⁻⁵ S· sⁿ·cm⁻²)	n	C_{dl} /(μF/cm²)	R_p /(Ω·cm²)	χ^2 /10⁻⁴	θ	η_{EIS} /%
N,S-CD2	100	11.43	3.832	0.9054	22.68	172.3	69.86	0.827	82.7
	200	10.85	3.129	0.9132	19.42	211.5	51.91	0.859	85.9

  浓度为 200 mg/L 的 N,S-CD1 和 N,S-CD2 的 η_{EIS} 值分别为 91.3% 和 85.9%，得出以硫脲作为氮源和硫源前驱体比硫化钠和尿素作为氮源和硫源前驱体合成的缓蚀剂的缓蚀效果更好。

4.2.3.2 动电位极化曲线

  碳钢在未添加和添加了 N,S-CD1 或 N,S-CD2 的 0.5 mol/L HCl 溶液中的动电位极化曲线如图 4-19 所示。对应的分析数据列于表 4-6 和表 4-7 中，包含腐蚀电位（E_{corr}）、腐蚀电流密度（i_{corr}）、阳极斜率（β_a）和阴极斜率（β_c）等参数。

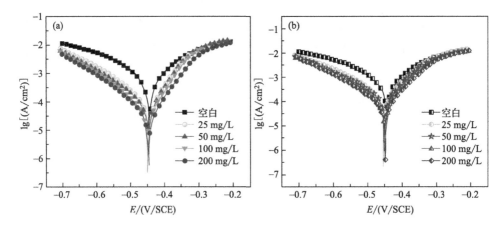

图 4-19 Q235 碳钢在 298 K 下有无 N,S-CD1 或 N,S-CD2 的 0.5 mol/L HCl 溶液中的动电位极化曲线

(a) N,S-CD1；(b) N,S-CD2

  如图 4-19、表 4-6 和表 4-7 所示，E_{corr} 负移，且添加缓蚀剂与未添加时的差异均小于 85 mV，表明缓蚀剂的加入对阳极和阴极反应有明显的抑制作用，是一种混合型缓蚀剂，但抑制阴极反应更明显，具体表现为 N,S-CD1 和 N,S-CD2 抑制了氢离子在电极界面的迁移过程。随着 N,S-CD1 或 N,S-CD2 浓度的增加，i_{corr} 值明显降低。这是由金属与缓蚀剂之间的

吸附作用引起的，由于受到活性位点阻断效应，N,S-CD1 和 N,S-CD2 的加入不仅阻止了碳钢的溶解，还抑制了阴极还原反应。此外，当 N,S-CD1 和 N,S-CD2 的极化电位达到 -0.7 V 左右时，阴极曲线开始出现平台区，一旦超过该极化电位，阴极极化曲线将与空白组的曲线重合或接近重合，这是由吸附在金属表面的 N,S-CD1 或 N,S-CD2 迅速减少所致。根据公式（2-6）计算得到两种缓蚀剂 N,S-CD1 和 N,S-CD2 在 200 mg/L 时缓蚀效率 η_{Tafel} 分别为 94.7% 和 88.6%，证明了两种氮/硫掺杂型碳量子点（N,S-CD1 和 N,S-CD2）在 0.5 mol/L HCl 溶液中对 Q235 碳钢具有良好的缓蚀效果。

表 4-6　Q235 碳钢在有无 N,S-CD1 的 0.5 mol/L HCl 溶液中的动电位极化曲线参数

缓蚀剂	$C/(\text{mg/L})$	$E_{corr}/(\text{V/SCE})$	$i_{corr}/(\mu\text{A/cm}^2)$	β_a	β_c	θ	$\eta_{Tafel}/\%$
空白	0	-0.445	604.6	8.015	6.839	—	—
N,S-CD1	25	-0.446	88.27	14.481	8.606	0.854	85.4
	50	-0.447	66.35	15.708	8.441	0.890	89.0
	100	-0.450	46.93	15.074	8.969	0.922	92.2
	200	-0.446	31.90	14.984	9.490	0.947	94.7

表 4-7　Q235 碳钢在有无 N,S-CD2 的 0.5 mol/L HCl 溶液中的动电位极化曲线参数

缓蚀剂	$C/(\text{mg/L})$	$E_{corr}/(\text{V/SCE})$	$i_{corr}/(\mu\text{A/cm}^2)$	β_a	β_c	θ	$\eta_{Tafel}/\%$
空白	0	-0.445	604.6	8.015	6.839	—	—
N,S-CD2	25	-0.454	177.3	11.305	7.879	0.707	70.7
	50	-0.450	152.9	12.333	7.919	0.747	74.7
	100	-0.450	83.08	12.795	8.405	0.863	86.3
	200	-0.449	68.86	13.337	8.796	0.886	88.6

4.2.4　失重分析

电化学测试结果证明了在含 200 mg/L N,S-CD1 或 N,S-CD2 的 0.5 mol/L HCl 溶液中 Q235 碳钢的腐蚀得到了很好的抑制。因此继续利用失重测试研究 Q235 碳钢在不同测试溶液中的缓蚀效率（η_{wL}）和腐蚀速率（C_R）。腐蚀速率（C_R）的计算公式见式（2-7），缓蚀效率（η_{wL}）的计算公式见式（2-8）。

在不存在和存在 N,S-CD1 或 N,S-CD2 的 0.5 mol/L HCl 溶液中，缓

蚀剂浓度对 Q235 碳钢的腐蚀速率和缓蚀效率的影响见图 4-20、表 4-8 和表 4-9。

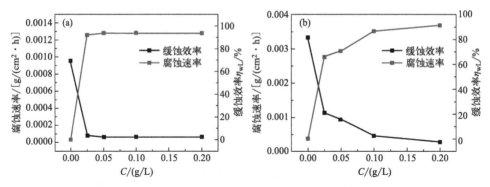

图 4-20 Q235 碳钢在有无 N,S-CD1 或 N,S-CD2 的 0.5 mol/L HCl 溶液中的腐蚀速率和缓蚀效率

(a) N,S-CD1；(b) N,S-CD2

表 4-8 Q235 碳钢在有无 N,S-CD1 的 0.5 mol/L HCl 溶液中的腐蚀速率和缓蚀效率

$C/(\text{mg/L})$	m_0/g	m_1/g	$C_R/[\text{g}/(\text{cm}^2 \cdot \text{h})]$	$\eta_{wL}/\%$
0	0.8835	0.4035	4.6×10^{-3}	
25	0.8835	0.8115	6.9×10^{-4}	85.0
50	0.8835	0.8505	3.2×10^{-4}	93.1
100	0.8835	0.8595	2.3×10^{-4}	95.0
200	0.8835	0.8635	1.9×10^{-4}	95.8

表 4-9 Q235 碳钢在有无 N,S-CD2 的 0.5 mol/L HCl 溶液中的腐蚀速率和缓蚀效率

$C/(\text{mg/L})$	m_0/g	m_1/g	$C_R/[\text{g}/(\text{cm}^2 \cdot \text{h})]$	$\eta_{wL}/\%$
0	0.8854	0.5393	3.33×10^{-3}	
25	0.8854	0.7685	1.13×10^{-3}	66.2
50	0.8854	0.7886	9.34×10^{-4}	71.1
100	0.8854	0.8392	4.46×10^{-4}	86.7
200	0.8854	0.8560	2.84×10^{-4}	91.5

如图 4-20、表 4-8 和表 4-9 所示，室温下 Q235 碳钢在含 200 mg/L N,S-CD1 或 N,S-CD2 的盐酸溶液中的腐蚀速率和缓蚀效率与空白组有明显差异，200 mg/L 的 N,S-CD1 和 N,S-CD2 缓蚀效率分别高达 95.8% 和

91.5%。此外，可以观察到随着缓蚀剂浓度的增大，腐蚀速率呈现降低趋势，而缓蚀效率逐渐增大，说明 N,S-CD1 和 N,S-CD2 缓蚀剂对碳钢在酸性溶液中的腐蚀起到了明显的抑制作用。

4.2.5 表面分析

图 4-21 和图 4-22 为碳钢样品打磨后、不添加缓蚀剂和添加 200 mg/L N,S-CD1 或 N,S-CD2 后在 0.5 mol/L HCl 溶液中浸泡 72 h 后的样品微观图像。

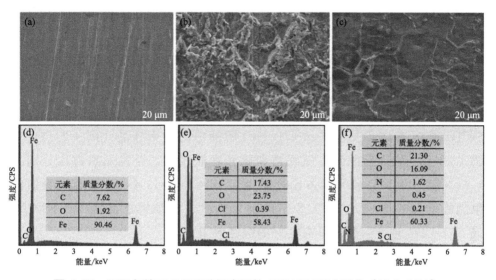

图 4-21 不同条件下 Q235 碳钢表面的 SEM 和 EDS 图像（N,S-CD1）

（a）和（d）打磨后；（b）和（e）空白溶液；（c）和（f）含有 200 mg/L
N,S-CD1 的 0.5 mol/L HCl 溶液

打磨后的样品表面相对光滑，有几条明显的磨痕 ［图 4-21(a) 和图 4-22(a)］。浸泡在 0.5 mol/L HCl 溶液中的碳钢表面 ［图 4-21(b) 和图 4-22(b)］腐蚀严重，有明显的不规则的腐蚀坑。而浸泡在含有 N,S-CD1 或 N,S-CD2 的 0.5 mol/L HCl 溶液中的碳钢样品表面覆盖一层明显可见的致密阻隔膜 ［图 4-21(c) 和图 4-22(c)］，说明 N,S-CD1 和 N,S-CD2 有效吸附在金属表面。图 4-21(d) 和图 4-22(d) 显示打磨后的 Q235 碳钢样品表面主要由 Fe 和 C 元素组成。浸泡在 0.5 mol/L HCl 溶液中的碳钢表面 ［图 4-21(e) 和图 4-22(e)］Fe 元素组分明显减少，O 元素和 Cl 元素组分明显增加，说明酸性溶液加速了碳钢的溶解。而浸泡在含有 N,

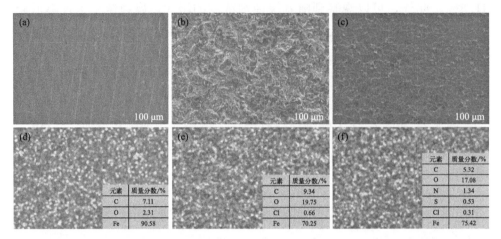

图 4-22　不同条件下 Q235 碳钢表面的 SEM 和 EDS 图像（N,S-CD2）

（a）和（d）打磨后；（b）和（e）空白溶液；（c）和（f）含有 200 mg/L

N,S-CD2 的 0.5 mol/L HCl 溶液

S-CD1 或 N,S-CD2 的 0.5 mol/L HCl 溶液中的碳钢样品［图 4-21(f) 和图 4-22(f)］表面检测到了氮元素和硫元素的存在，且氮元素占比分别为 1.62% 和 1.34%，硫元素占比分别为 0.45% 和 0.53%，表明金属表面的阻隔膜是由 N,S-CD1 或 N,S-CD2 组成的。这些结果也证实了 N,S-CD1 或 N,S-CD2 对碳钢腐蚀具有良好的缓蚀效果。

　　Q235 碳钢样品在不同测试条件下浸泡 72 h 后，通过 3D 形貌仪测定其表面粗糙度（S_a），如图 4-23 所示。

　　图 4-23(a) 是 Q235 碳钢经过打磨后的表面形貌，可以看出碳钢表面相对平整，平均粗糙度为 0.075 μm。浸在酸性介质中 72 h 的碳钢表面有明显的凸起和凹坑，平均粗糙度也明显增大，S_a 值分别达到 2.053 μm 和 1.883 μm［图 4-23(b) 和 (d)］。而浸泡在添加了 200 mg/L N,S-CD1 或 N,S-CD2 缓蚀剂的酸性溶液中 72 h 的碳钢样品表面明显变得更加平坦，平均粗糙度也急剧下降，S_a 值分别为 0.142 μm 和 0.154 μm［图 4-23(c) 和 (e)］。结果表明，N,S-CD1 和 N,S-CD2 的加入可在一定程度上延缓 Q235 碳钢在盐酸溶液中的腐蚀，但试样表面仍存在腐蚀。

4.2.6　吸附等温线分析

　　为探究两种氮/硫掺杂型碳量子点缓蚀剂的吸附机理，根据失重测试得

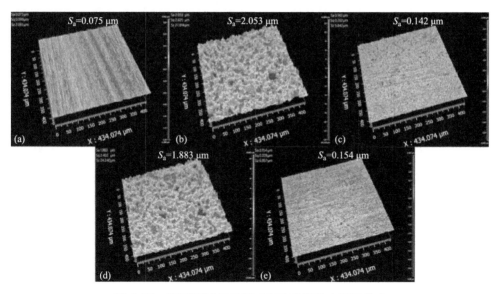

图 4-23 不同测试条件下 Q235 碳钢的表面粗糙度

(a) 抛光；(b) 空白 1-72 h；(c) 200 mg/L N,S-CD1-72 h；

(d) 空白 2-72 h；(e) 200 mg/L N,S-CD2-72 h

到的实验数据推导出朗缪尔吸附等温模型。朗缪尔吸附等温模型 [式(2-9)] 可用来描述分子单层吸附在金属表面的平衡状态。根据公式拟合出 C/θ 和 C 的函数关系，推导出吸附等温线，如图 4-24 所示。

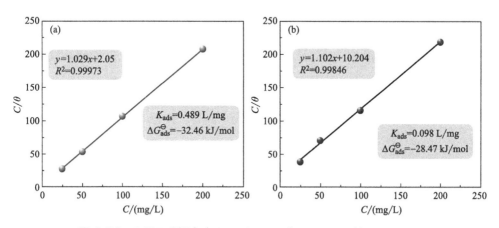

图 4-24 Q235 碳钢在有无 N,S-CD1 或 N,S-CD2 的 0.5 mol/L

HCl 溶液中的朗缪尔吸附等温线

(a) N,S-CD1；(b) N,S-CD2

图 4-24(a) 和 （b） 中 C/θ 和 C 呈现良好的线性相关（拟合相关系数 R^2 分别为 0.99973 和 0.99846）。N,S-CD1 和 N,S-CD2 对应的吸附平衡常数 (K_{ads}) 分别为 0.489 L/mg 和 0.098 L/mg，K_{ads} 值越大表示酸性介质中 N,S-CD1 和 N,S-CD2 在金属表面的吸附作用越强。进一步通过式(2-10) 推导出 N,S-CD1 和 N,S-CD2 吸附反应过程的热力学参数标准吉布斯自由能 $(\Delta G^{\ominus}_{ads})$，分别为 -32.46 kJ/mol 和 -28.47 kJ/mol，表明 N,S-CD1 和 N,S-CD2 在 Q235 碳钢表面的相互作用包括化学吸附和物理吸附，即 N,S-CD1 和 N,S-CD2 通过化学吸附和物理吸附在金属表面形成单层吸附膜，减少了金属表面的活性位点，以达到缓解碳钢腐蚀的目的。

4.2.7 缓蚀机理分析

有机化合物中的 N、S 等杂原子由于孤对电子的存在，很容易填补铁原子外未被占据的三维轨道，在碳钢表面形成配位键。由 FTIR 图和 XPS 图 （图 4-15 和图 4-16）可以看出，合成的 N,S-CD1 和 N,S-CD2 具有丰富的官能团，包括羟基、氨基和羰基。动电位极化曲线（图 4-19）显示，N,S-CD1 和 N,S-CD2 是一种混合型缓蚀剂，缓解阳极碳钢溶解，抑制阴极还原反应的发生。根据已有理论，图 4-25 建立了一个理论模型来解释碳钢表面的吸附和抑制作用[46]，即 N,S-CD1 或 N,S-CD2 通过扩散接近碳钢表面，形成含 N、S 基团的共价键，表面官能团的存在会导致 N,S-CD1 或 N,S-CD2 靠近金属表面时产生强烈的相互吸引和较大的团聚体（纳米颗粒）。其中，溶液中一部分 N,S-CD1 或 N,S-CD2 通过化学吸附固定在

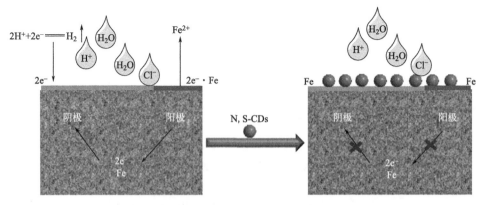

图 4-25 Q235 碳钢在含 N,S-CDs 的 0.5 mol/L HCl 溶液中表面的缓蚀机理

金属表面，剩余的 N,S-CD1 或 N,S-CD2 会通过团聚效应扩散到金属表面，减小碳钢比表面积，形成一层阻隔膜，防止腐蚀介质和水合物与碳钢直接接触，保持金属表面的稳定性，达到缓解金属腐蚀的目的。

4.2.8 小结

两种氮/硫掺杂型碳量子点分别选择硫化钠、尿素和硫脲作为氮源和硫源前驱体，通过化学氧化工艺合成。合成的 N,S-CD1 和 N,S-CD2 表面具有丰富的官能团，尺寸在 10 nm 左右。综合电化学、失重等测试方法，研究了 N,S-CD1 和 N,S-CD2 室温下在 0.5 mol/L HCl 溶液中对 Q235 碳钢的缓蚀性能及其机理。研究结果如下。

① 200 mg/L 的 N,S-CD1 和 N,S-CD2 的缓蚀效率分别可达到 94.7% 和 88.6%，说明 N,S-CD1 和 N,S-CD2 均能有效缓解碳钢的腐蚀，但氮源和硫源的选择对缓蚀效果的好坏也是非常重要的。

② SEM 对碳钢表面的形貌表征表明，碳钢表面被纳米尺寸的 N,S-CD1 或 N,S-CD2 组成的薄膜覆盖，防止腐蚀介质和水合物与碳钢直接接触。

③ N,S-CD1 和 N,S-CD2 在金属表面的吸附符合朗缪尔吸附等温模型，是通过化学吸附和物理吸附共同作用附着在金属表面的。

第5章

二维碳材料量子点的腐蚀防护

5.1 石墨烯@MoS₂量子点腐蚀行为

随着纳米材料的火速发展，研究者们对其拥有的大比表面积、小尺寸效应、量子效应、界面效应、量子隧道效应等一系列新的特点展开研究。许多特殊功能都与纳米材料息息相关，与此同时，典型的二维材料更是引起人们浓厚的兴趣[47]。许多研究者们对二硫化钼、石墨烯、氮化硼等材料作为添加剂的润滑机理进行探究，发现其在金属表面形成了复杂的膜结构，提高了摩擦副表面的耐腐蚀效果。

近几年发现了许多新型的超薄二维晶体，如金属有机骨架（MOFs）、共价有机框架（COFs）、聚合物、金属、黑磷（BP）、硅烯和二维过渡金属硫化物或碳氮化物（MXenes）等，极大地丰富了超薄二维纳米材料的家族（图5-1）。二维过渡金属硫化物如MoS_2、TiS_2、TaS_2和ZrS_2等，在催化、能量储备、电子器件等领域应用广泛。这些材料的共同特征是都为层状结构，每一层中原子与原子之间由很强的共价键力连接，而层与层之间由弱的范德瓦耳斯力结合。

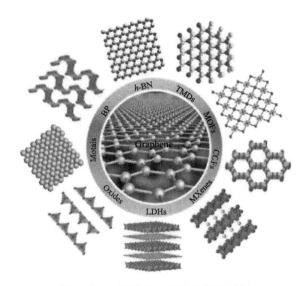

图 5-1 不同种类二维纳米薄膜材料

石墨烯的层与层之间的碳原子以较弱的分子间作用力相连接，距离0.3335 nm，如图5-2所示。同一层内碳原子以较强的共价键结合，而层与层之间的碳原子以弱的次价键相结合，因此层与层之间以较弱的范德瓦耳斯力结合在一起。六边形环内 C—C 共价键的结合力可达 10^7 kcal/mol（1 kcal＝4.184 kJ），而层与层之间的范德瓦耳斯力仅仅只有 4.36 kcal/mol，且温度变化对其几乎没影响。因此，石墨结构中同时存在金属键、共价键及分子键三种键型。此外，石墨材料很容易以较强的附着力附着于绝大多数的金属材料上，也很容易在对偶金属件表面形成一层吸附膜。

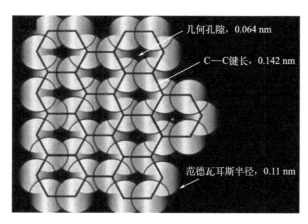

图 5-2 石墨烯的理论参数

而石墨烯量子点（graphene quantum dots，GQDs）是一种新型碳纳米材料，通常指由 sp^2/sp^3 碳内核和外层含氧/氮官能团组成的尺寸小于 10 nm 的单分散球状纳米碳材料。由于石墨烯量子点既具有相似于传统半导体量子点可调的激发/发射波长，以及良好的电化学性能等优点，又能够有效地克服传统半导体量子点高毒性和生物相容性差的缺陷，并且来源广泛，易于合成和功能化，被认为是半导体量子点的理想代替材料。至今为止，大量的应用研究表明石墨烯量子点在生物、医学、化工、电子等领域具有巨大的潜在应用价值，包括化学传感、生物传感、生物成像、药物输送、光动力疗法、光催化、电催化等。

5.1.1 制备

分别将 MoS_2 粉末、石墨按照 4 g/L 的比例分散于异丙醇中，将其置于冰水浴环境下，采用冰浴液相超声剥离法超声 7.5 h，此后在常温下静置 48 h 得到石墨烯@MoS_2 量子点悬浮溶液。为了去除未剥离的石墨烯@MoS_2 量子点大颗粒，将其在 8000 r/min 转速下高速离心 30 min。

5.1.2 结构表征分析

通过 UV-vis 对剥离后的石墨烯@MoS_2量子点的异丙醇溶液进行分析。图 5-3 中的曲线分别为异丙醇、MoS_2量子点以及石墨烯@MoS_2量子点的紫外可见吸收光谱。从图中可以看出，石墨烯@MoS_2量子点的最大吸光度值在 238 nm，石墨烯的共轭效应使得石墨烯@MoS_2量子点在 200～238 nm 范围内的吸光度值增强。相对于 MoS_2量子点，石墨烯@MoS_2量子点整体发生了蓝移，在 282～400 nm 处出现了一个特征峰，但相对于MoS_2量子点，吸光度值发生下降。

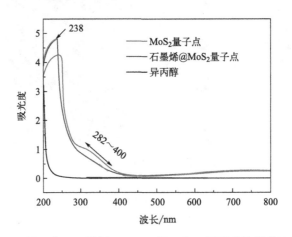

图 5-3 MoS_2量子点、石墨烯@MoS_2量子点、异丙醇的紫外可见吸收光谱

图 5-4 中显示石墨烯@MoS_2量子点的异丙醇溶液从第 1 天到第 130 天的光学分散图片。由光学分散图片可清晰地看出从第 1 天到第 130 天，溶液依旧如初，为肉眼可见的浅色透明分散溶液。这些现象说明，石墨烯@MoS_2量子点在异丙醇溶液中具有很好的分散性和储存稳定性。

通过 UV-vis 测试了图 5-4 中石墨烯@MoS_2量子点的异丙醇溶液在常温下放置不同时间的吸光度。如图 5-5 所示，第 1 天石墨烯@MoS_2量子点的吸光度为 0.63，在放置第 130 天时的吸光度为 0.75。在此过程中，吸光度有略微的浮动，但整体吸光度保持平稳。根据朗伯-比尔定律，说明石墨烯@MoS_2量子点分散浓度未发生很大变化，体现了石墨烯@MoS_2量子点有长期均一的分散稳定性。

图 5-6(a) 是 MoS_2 的 XRD 标准卡，2H 石墨烯的标准卡片（PDF

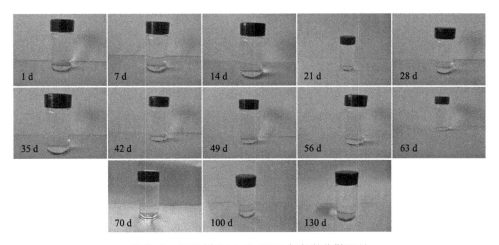

图 5-4 石墨烯@MoS₂ 量子点光学分散照片

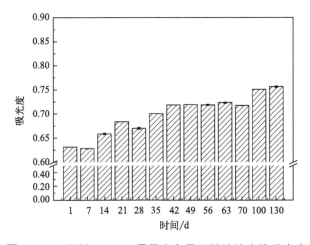

图 5-5 石墨烯@MoS₂ 量子点在异丙醇溶液中的吸光度

♯41-1487)，图 5-6(b) 分别是未剥离的石墨烯@MoS_2 粉末以及剥离后的石墨烯@MoS_2 量子点的 XRD 图谱。从图中可以看出，未剥离的石墨烯@MoS_2 粉末有 8 个明显的特征衍射峰，其中二倍角为 14.34°、32.62°、39.54°、44.12°、49.72°和 60.14°，分别对应 2H 型 MoS_2 的 (002)、(100)、(103)、(006)、(105)、(008) 晶面，这与 2H 型的 MoS_2 的标准 PDF 卡片 (PDF♯ 37-1492) 完全一致，属于典型的六方晶胞结构；二倍角为 26.50°、54.60°，分别对应 2H 型石墨的 (002)、(004) 晶面 (PDF♯ 41-1487)。剥离后的石墨烯@MoS_2 量子点在 14.36°处有明显的 2H 型 MoS_2 的 (002) 面，其他晶面的衍射峰都被弱化。

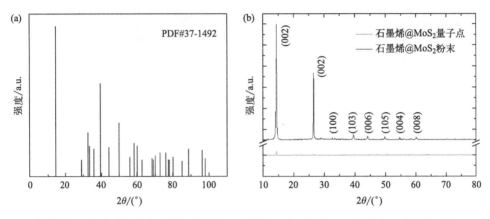

图 5-6 （a）MoS$_2$ 标准 XRD 图谱；（b）石墨烯@MoS$_2$ 量子点的 XRD 图谱

图 5-7 分别为石墨烯@MoS$_2$ 量子点的 SEM 图。由于石墨烯与 MoS$_2$ 同是二维层状材料，在结构上有相似性，更容易实现层层堆积复合。在图 5-7(b) 和 （c） 中可以看到类似典型的 MoS$_2$ 纳米花的形貌，由于石墨烯与 MoS$_2$ 量子点的层层堆叠，纳米球、纳米花形貌的厚度随之增加。

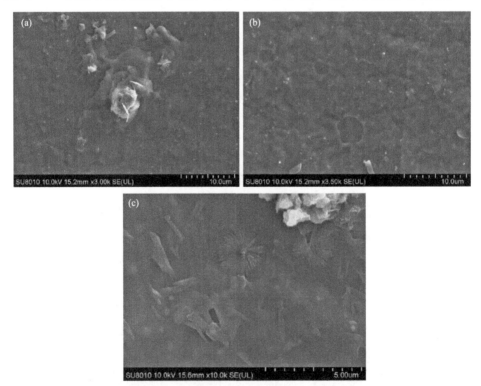

图 5-7 石墨烯@MoS$_2$ 量子点的 SEM 图

图 5-8 是石墨烯@MoS$_2$ 量子点的 TEM 图。从图 5-8（a）中可知，所制备的石墨烯@MoS$_2$ 量子点大部分呈现纳米球的特征；图 5-8（b）中球状的尺寸在 600 nm 左右，可清晰观察到石墨烯@MoS$_2$ 量子点由内部实心圆以及外围一层薄薄的圆环组成；图 5-8（c）中可明显观察到有多个尺寸小于 10 nm 的量子点，因为石墨烯量子点与 MoS$_2$ 量子点的形貌相似，所以图中无法明确区分两者，同时也可以推测石墨烯量子点已经成功与 MoS$_2$ 量子点复合。

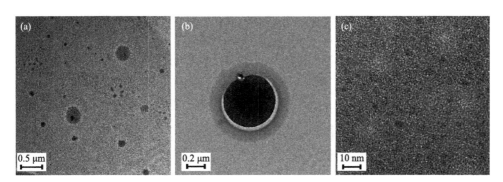

图 5-8 石墨烯@MoS$_2$ 量子点的透射电镜图

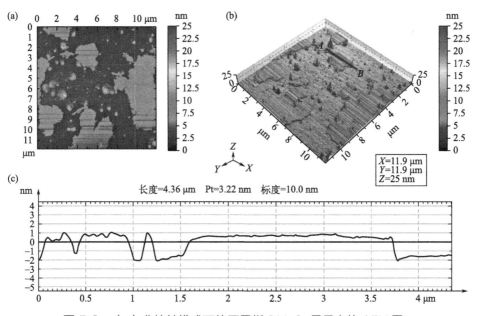

图 5-9 （a）非接触模式下的石墨烯@MoS$_2$ 量子点的 AFM 图；
（b）图（a）的三维高度图；（c）图（b）中 AB 位置的厚度轮廓图

图 5-9 是所制备的石墨烯@MoS₂ 量子点的 AFM 图，从下到上的范围跨度对应 0~25 nm 的厚度。从图 5-9(a) 中可以看出，在 11 $\mu m \times$ 11 μm 的扫描范围内，石墨烯@MoS₂ 量子点为片层形貌，且尺寸均匀，这与 MoS₂ 量子点的 AFM 极为相似。这是因为石墨烯与 MoS₂ 皆为二维层状材料，且石墨烯是单原子层厚度，故此石墨烯@MoS₂ 量子点在厚度上并不会表现出大幅度增加的趋势。石墨烯和 MoS₂ 量子点在形貌表现上有高度的相似性，这与 SEM 和 TEM 的结果一致。图 5-9(c) 是图 5-9(b) 中实线 AB 位置的石墨烯@MoS₂ 量子点的厚度轮廓图。可知石墨烯@MoS₂ 量子点的厚度约为 2.5 nm，比单层的 MoS₂ 量子点略厚，说明增加的厚度是因石墨烯量子点成功修饰在 MoS₂ 量子点之上。

5.1.3　腐蚀行为

图 5-10 是 Q235 碳钢分别浸泡在石墨烯@MoS₂ 量子点溶液中 0 h、1 h、3 h、5 h 后的开路电位图。

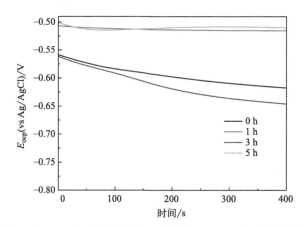

图 5-10　Q235 碳钢浸泡在石墨烯@MoS₂ 量子点溶液中
0 h、1 h、3 h、5 h 后的开路电位图

通过图可以观察到，浸泡 1 h、5 h 后的 Q235 碳钢的开路电位皆相比于 0 h 有正移现象，且两者的开路电位相近，这表明石墨烯@MoS₂ 量子点可能在金属表面形成了钝化腐蚀产物，减缓了腐蚀过程[48]；而浸泡 3 h 后的开路电位相比于 0 h 有负移现象，且浸泡 3 h 后的 E_{ocp} 值最负，说明此时的腐蚀趋势最强[49]。根据以上不同的现象可推测 Q235 碳钢在石墨烯@MoS₂ 量子点中浸泡不同的时间可能会有不同的结果。

图 5-11 是 Q235 碳钢分别浸泡在石墨烯@MoS₂ 量子点溶液中 0 h、1 h、3 h、5 h 后的伯德图。从图 5-11(a) 中可知，在石墨烯@MoS₂ 量子点溶液中浸泡 1 h、3 h、5 h 后的钢块在中频区几乎重合；浸泡 1 h、5 h 后的钢块在低频区高于空白组，而浸泡 3 h 后的钢块在低频区低于空白组。图 5-11(b) 展示了 Q235 碳钢在浸泡于石墨烯@MoS₂ 量子点溶液中 0 h、1 h、3 h 和 5 h 后的电化学相位角变化，随着浸泡时间的增加，电极表面电荷转移过程发生变化。在 0 h 时，相位角峰值较为明显，表明电极表面的电荷转移较为迅速。随着时间的增加，特别是在 1 h、3 h 和 5 h 后，相位角峰值变化逐渐减缓或发生位移，可能是因为石墨烯@MoS₂ 量子点在电极表面发生吸附或与电极反应，导致电极表面的电化学反应活性发生改变，从而影响了电荷转移过程的动态特性。总的来说，图 5-11(b)

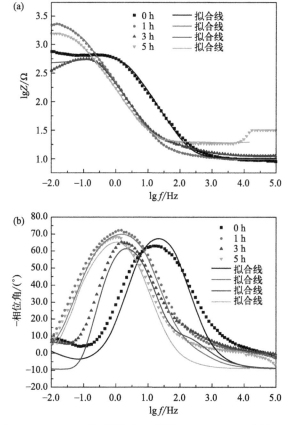

图 5-11 Q235 碳钢浸泡在石墨烯@MoS₂ 量子点溶液中
0 h、1 h、3 h、5 h 后的伯德图

反映了随着浸泡时间的增加，石墨烯@MoS_2量子点对 Q235 碳钢电极表面的影响逐渐显现，改变了电荷转移的效率和机制。

图 5-12 是 Q235 碳钢分别浸泡在石墨烯@MoS_2量子点溶液中 0 h、1 h、3 h、5 h 后的奈奎斯特图。浸泡 1 h、5 h 后，可以看出阻抗中的感抗成分逐渐弱化，电阻相比于 0 h 略微增大；而浸泡 3 h 后在低频实部依然有明显的感抗现象，表明浸泡在石墨烯@MoS_2量子点溶液中 3 h 更容易发生局部腐蚀。

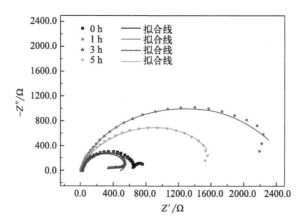

图 5-12 Q235 碳钢浸泡在石墨烯@MoS_2量子点溶液中
0 h、1 h、3 h、5 h 后的奈奎斯特图

浸泡 1 h、3 h、5 h 后的等效电路采用图 5-13，模拟参数见表 5-1。等效电路图各元件的信息如下：R_s 为 Ag/AgCl 参比电极与工作电极 Q235 碳钢之间的溶液电阻，CPE1 为石墨烯@MoS_2量子点薄膜电容，R_1 为石墨烯@MoS_2量子点薄膜电阻，C_1 是石墨烯@MoS_2量子点薄膜与电解液界面局部积累的腐蚀产物的电容，R_2 是腐蚀产物电阻，L 是弛豫过程的电感元件，R_L 是感抗，C_2 是双电层电容，R_3 是新界面的电荷转移电阻。

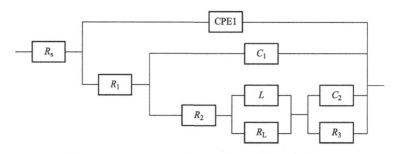

图 5-13 Q235 碳钢的电化学阻抗谱拟合等效电路

　　碳基缓蚀剂在金属腐蚀防护中的应用

表 5-1 Q235 碳钢浸泡在石墨烯@MoS_2 量子点溶液 1 h、3 h、5 h 的 EIS 拟合结果

时间/h	1	3	5
$R_s/(\Omega \cdot cm^2)$	9.864	11.38	10.35
CPE1/(F/cm^2)	7.585×10^{-4}	4.784×10^{-4}	7.980×10^{-4}
n_1 [①]	0.8089	0.7860	0.8912
$R_1/(\Omega \cdot cm^2)$	11.28	13.70	205.3
$C_1/(F/cm^2)$	2.061×10^{-3}	3.030×10^{-3}	1.439×10^{-4}
$R_2/(\Omega \cdot cm^2)$	89.88	72.62	913.6
L/H	764.1	296.7	5003
$R_L/(\Omega \cdot cm^2)$	240.9	196.3	1027
$C_2/(F/cm^2)$	2.392×10^{-4}	1.511×10^{-4}	2.416×10^{-3}
$R_3/(\Omega \cdot cm^2)$	2350	460.3	540.5
$R_1 + R_2 + R_3/(\Omega \cdot cm^2)$	2451.16	546.620	1659.40
$\chi^2/10^{-3}$	0.5417	5.997	7.261

① n_1（称为 CPE 指数因子）用于描述系统中常数相位元件的电化学特性，反映了电极表面反应过程的非理想性。

从表 5-1 中的拟合参数可知，浸泡 1 h 时，体系中溶液电阻 R_s 为 9.864 $\Omega \cdot cm^2$，腐蚀电阻 $R_1 + R_2 + R_3$ 为 2451.16 $\Omega \cdot cm^2$；浸泡 3 h 时，体系中溶液电阻 R_s 为 11.38 $\Omega \cdot cm^2$，腐蚀电阻 $R_1 + R_2 + R_3$ 为 546.62 $\Omega \cdot cm^2$；浸泡 5 h 时，体系中溶液电阻 R_s 为 10.35 $\Omega \cdot cm^2$，腐蚀电阻 $R_1 + R_2 + R_3$ 为 1659.4 $\Omega \cdot cm^2$。随着浸泡时间的增加，腐蚀电阻有增有减，在浸泡 1 h 和 5 h 时的腐蚀电阻均大于没有浸泡的，说明石墨烯@MoS_2 量子点在 Q235 碳钢表面累积的腐蚀产物对 Q235 碳钢的防护作用增强。而浸泡 3 h 后的腐蚀电阻最小，此时的机理可能有所不同，说明 Q235 碳钢在石墨烯@MoS_2 量子点溶液中浸泡 3 h 会促进腐蚀[50]。

5.1.4 小结

采用冰浴液相超声剥离法制备石墨烯@MoS_2 量子点，对腐蚀行为的探究得出如下结论。

① 由 UV-vis 可知超声剥离后的石墨烯@MoS_2 量子点，有很好的分散性和储存稳定性。由 UV-vis、SEM 和 TEM 可知石墨烯已经成功修饰

在 MoS_2 量子点上。结合 AFM 高度信息可以观察到由于石墨烯的修饰，石墨烯@MoS_2 量子点的整体上增加了单层 C 原子的厚度。

②应用电化学阻抗谱探究石墨烯@MoS_2 量子点 Q235 碳钢在模拟海水中的腐蚀发展规律。结果表明，Q235 碳钢在石墨烯@MoS_2 量子点溶液中浸泡 1 h 和 5 h 时，阻抗中的感抗成分逐渐弱化，腐蚀电阻值均大于浸泡 0 h，表现出防腐效果，但浸泡 3 h 时的腐蚀电阻值减小，出现明显的感抗特征。

5.2 苯并咪唑@石墨烯量子点腐蚀行为

含大量 N、S、P、O 等元素，或者含有芳香环等共轭结构的有机物，都可以作为保护碳钢表面的高效缓蚀剂。苯并咪唑分子中的 N 原子以及苯环可以与金属原子以共用电子的形式形成吸附，从而抑制溶液对金属的腐蚀。苯并咪唑化合物是酸性环境中广泛使用的碳钢表面缓蚀剂。

在含水的环境中，金属表面的水膜腐蚀主要包括两个过程：阴极反应和阳极反应。缓蚀剂的作用就是吸附在金属表面之后，抑制其中一个或两个电极反应，从而降低腐蚀速率，达到缓蚀效果。

电化学分析的结果表明，石墨烯量子点会在钢块表面形成钝化膜，同时腐蚀电阻减小。在此基础上，借助苯并咪唑修饰石墨烯量子点，系统分析苯并咪唑@石墨烯量子点的微观结构和形貌，研究 Q235 碳钢在苯并咪唑@石墨烯量子点溶液中分别浸泡 0 h、1 h、3 h、5 h 后，在模拟海水溶液中腐蚀行为的机理。

5.2.1 制备

将石墨烯粉末按照 4 g/L 的比例分散于异丙醇中，之后加入 0.01 mol 的苯并咪唑，将其置于冰水浴环境下，采用冰浴液相超声剥离法超声 7.5 h，此后在常温下静置 48 h 得到苯并咪唑@石墨烯量子点悬浮溶液。为了去除未剥离的苯并咪唑@石墨烯大颗粒，将其在 8000 r/min 转速下高速离心 30 min。

5.2.2 结构表征分析

图 5-14 中的曲线分别为异丙醇、石墨烯量子点以及苯并咪唑@石墨

烯量子点的异丙醇溶液的紫外可见吸收光谱。由图可知，苯并咪唑@石墨烯量子点最大吸收峰在238 nm处，且在200～250 nm处的吸光度均高于石墨烯量子点，可能与苯并咪唑含共轭结构有关。在238～278 nm范围内出现强峰，且精细结构为三重多峰，此为苯环的精细结构特征。在320 nm处石墨烯量子点的肩峰消失。

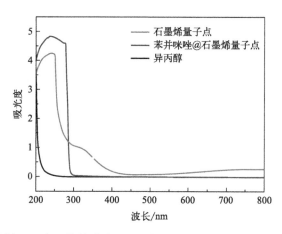

图 5-14 石墨烯量子点、苯并咪唑@石墨烯量子点、异丙醇的紫外可见吸收光谱

图 5-15 是苯并咪唑@石墨烯量子点的异丙醇溶液从第 1 天到第 130 天的光学分散图片。由光学分散图片可清晰地看出，从第 1 天到第 130 天，溶液依旧如初，为蓝色透明分散溶液。说明苯并咪唑@石墨烯量子点在异丙醇中有很好的分散性和存储稳定性。

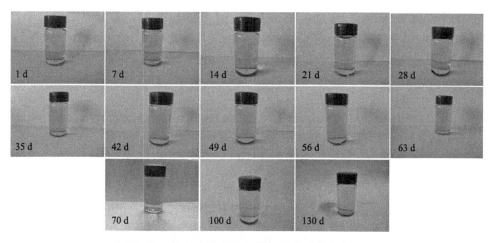

图 5-15 苯并咪唑@石墨烯量子点光学分散照片

通过 UV-vis 测试了放置不同时间后的苯并咪唑@石墨烯量子点溶液的吸光度，如图 5-16 所示。第一天苯并咪唑@石墨烯量子点的吸光度为 4.82，放置第 130 天的吸光度为 4.87。在此过程中，吸光度有略微的浮动，但整体保持平稳。根据朗伯-比尔定律，表明苯并咪唑@石墨烯量子点的浓度未发生大的变化。这与图 5-15 中的宏观观测结果一致，苯并咪唑@石墨烯量子点在异丙醇中有良好的长期均一的分散稳定性。

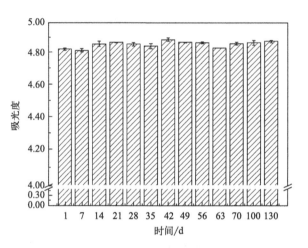

图 5-16 苯并咪唑@石墨烯量子点的吸光度

图 5-17 为苯并咪唑@石墨烯量子点的 SEM 图。从图中可以看出苯并咪唑@石墨烯量子点在宏观上有向球形聚集的趋势，低倍数下可清晰看到

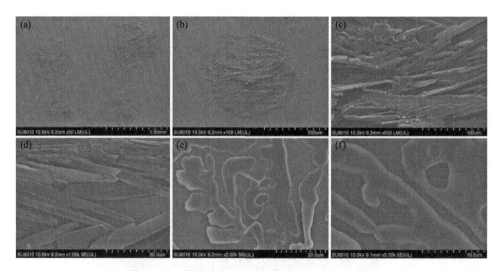

图 5-17 苯并咪唑@石墨烯量子点的 SEM 图

有圆球形貌。圆球内部有苯并咪唑的典型条状树枝形貌，且树枝状内部填充充实。图 5-17(f) 中可观察到树枝状边缘处有明显的分界轮廓，分界处铺有平整的薄片。

图 5-18 是苯并咪唑@石墨烯量子点的 TEM 图。由图可知，所制备具有球状形貌的苯并咪唑@石墨烯量子点的横向尺寸在 10～200 nm 范围内。图 5-18(a) 中显示，有大量 200 nm 直径的苯并咪唑@石墨烯量子点纳米球。在苯并咪唑的修饰下，石墨烯纳米球周边裹着多层薄薄的纱状物质。

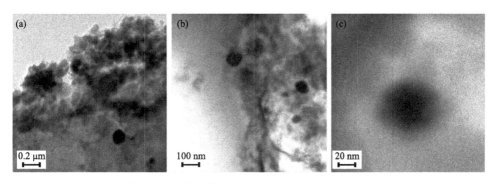

图 5-18 苯并咪唑@石墨烯量子点的 TEM 图

图 5-19 是苯并咪唑@石墨烯量子点的 AFM 图。从图 5-19(a) 中可以看出，在 20 μm×20 μm 的扫描范围内，苯并咪唑@石墨烯量子点含有大量梭子形貌，且尺寸均匀，这与 SEM 观察的形貌一致。图 5-19(c) 是图 5-19(b) 中实线 AB 位置的苯并咪唑@石墨烯量子点的厚度轮廓图。可知样品在超声剥离后，苯并咪唑@石墨烯量子点有着明显较宽的尺寸分布，厚度范围在 10～100 nm 之间。这是因为苯并咪唑修饰在石墨烯量子点上增加了石墨烯量子点的厚度。

5.2.3 腐蚀行为

图 5-20 是 Q235 碳钢分别浸泡在苯并咪唑@石墨烯量子点溶液中 0 h、1 h、3 h、5 h 后的开路电位图。通过图可以观察到，浸泡 3 h、5 h 后的 Q235 钢块的开路电位皆比未浸泡在苯并咪唑@石墨烯量子点溶液中的 Q235 钢块（0 h）有负移现象；浸泡 3 h 后的 E_{ocp} 值最负，说明此时的腐蚀趋势最强。

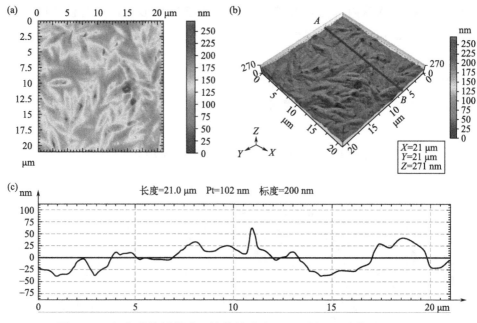

图 5-19 （a）非接触模式下的苯并咪唑@石墨烯量子点的 AFM 图；
（b）图（a）的三维高度图；（c）图（b）中 AB 位置的厚度轮廓图

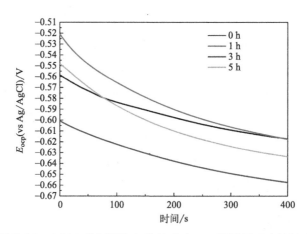

图 5-20 Q235 碳钢浸泡在苯并咪唑@石墨烯量子点溶液中
0 h、1 h、3 h、5 h 后的开路电位图

图 5-21 是 Q235 碳钢分别浸泡在苯并咪唑@石墨烯量子点溶液中 0 h、1 h、3 h、5 h 后的伯德图。从图 5-21（a）中可知，相较于空白组，苯并咪唑@石墨烯量子点溶液中浸泡过的钢块在低中频区出现下降。浸泡 3 h 和 5 h 后的钢块在整个频率范围内显示出极高的相似性。

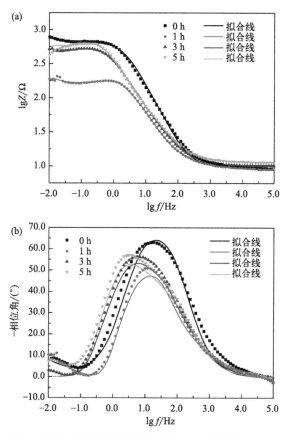

图 5-21 Q235 碳钢浸泡在苯并咪唑@石墨烯量子点溶液中
0 h、1 h、3 h、5 h 后的伯德图

图 5-22 是 Q235 碳钢分别浸泡在苯并咪唑@石墨烯量子点溶液中 0 h、1 h、3 h、5 h 后的奈奎斯特图。从图中对比可知，浸泡过苯并咪唑@石墨烯量子点溶液的 Q235 碳钢皆出现了容抗弧实部随频率降低而出现的电感性收缩现象，表明三者的电化学机理相同[51]，浸泡在苯并咪唑@石墨烯量子点溶液中更容易发生局部腐蚀。

浸泡 1 h、3 h、5 h 后的等效电路图如图 5-13 所示，模拟参数见表 5-2。从表 5-2 中的拟合参数可知，浸泡 1 h 时，体系中溶液电阻 R_s 为 9.096 $\Omega \cdot cm^2$，腐蚀电阻 $R_1+R_2+R_3$ 为 220.36 $\Omega \cdot cm^2$；浸泡 3 h 时，体系中溶液电阻 R_s 为 10.22 $\Omega \cdot cm^2$，腐蚀电阻 $R_1+R_2+R_3$ 为 490.54 $\Omega \cdot cm^2$；浸泡 5 h 时，体系中溶液电阻 R_s 为 11.51 $\Omega \cdot cm^2$，腐蚀电阻 $R_1+R_2+R_3$ 为 658.85 $\Omega \cdot cm^2$。随着浸泡时间的增加，腐蚀电阻逐渐增大，说明

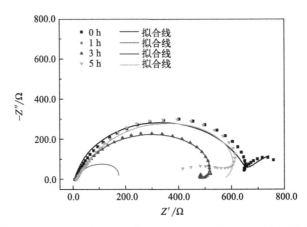

图 5-22　Q235 碳钢浸泡在苯并咪唑@石墨烯量子点溶液中

0 h、1 h、3 h、5 h 后的奈奎斯特图

苯并咪唑@石墨烯量子点在 Q235 碳钢表面累积的腐蚀产物对 Q235 碳钢的防护作用增强。但是无论浸泡在苯并咪唑@石墨烯量子点溶液中 1 h、3 h 还是 5 h，整体腐蚀电阻均小于 0 h，说明苯并咪唑@石墨烯量子点的加入也会促进 Q235 碳钢的腐蚀。

表 5-2　Q235 碳钢浸泡在苯并咪唑@石墨烯量子点溶液中 1 h、3 h、5 h 的 EIS 拟合结果

时间/h	1	3	5
$R_s/(\Omega \cdot cm^2)$	9.096	10.22	11.51
$CPE1/(F/cm^2)$	6.370×10^{-4}	3.974×10^{-4}	3.968×10^{-4}
n_1	0.7445	0.7813	0.7934
$R_1/(\Omega \cdot cm^2)$	24.13	32.51	135.5
$C_1/(F/cm^2)$	6.144×10^{-5}	4.373×10^{-3}	1.237×10^{-5}
$R_2/(\Omega \cdot cm^2)$	134.3	72.93	39.55
L/H	14.97	122.5	420.7
$R_L/(\Omega \cdot cm^2)$	74.3	118	195.8
$C_2/(F/cm^2)$	0.2513	9.915×10^{-5}	9.511×10^{-4}
$R_3/(\Omega \cdot cm^2)$	61.93	385.1	483.8
$R_1+R_2+R_3/(\Omega \cdot cm^2)$	220.36	490.54	658.85
$\chi^2/10^{-3}$	1.049	0.4496	3.551

5.2.4 小结

继续采用冰浴液相超声剥离法制备苯并咪唑@石墨烯量子点。在对其腐蚀行为探究中，得到了如下结论。

① 由 UV-vis 可知超声剥离后的苯并咪唑@石墨烯量子点有很好的分散性和储存稳定性。由 UV-vis、SEM 和 TEM 可知，苯并咪唑已经成功修饰在石墨烯量子点上。结合 AFM 高度信息可以观察到，由于苯并咪唑的修饰，苯并咪唑@石墨烯量子点的厚度已经增加。

② 应用电化学阻抗谱探究苯并咪唑@石墨烯量子点 Q235 碳钢在模拟海水中的腐蚀发展规律。结果表明苯并咪唑@石墨烯量子点在 Q235 碳钢表面形成薄膜，随着浸泡时间的延长，腐蚀电阻值逐渐增大，但是与 0 h 相比，苯并咪唑@石墨烯量子点依然会促进 Q235 碳钢的腐蚀。

5.3 2-巯基苯并咪唑@石墨烯量子点腐蚀行为研究

2-巯基苯并咪唑是典型的无毒、稳定的绿色缓蚀剂，它可以在金属表面形成一层有效的定向分子阵列，相当于在金属表面形成了一层保护膜。2-巯基苯并咪唑对多种金属均表现出良好的缓蚀作用，在抑制金属腐蚀时的性能会受到浓度差异、温度差异等因素的影响。在电化学分析的基础上，借助 2-巯基苯并咪唑修饰石墨烯量子点，系统分析 2-巯基苯并咪唑@石墨烯量子点的微观结构和形貌，研究分析 Q235 碳钢在 2-巯基苯并咪唑@石墨烯量子点溶液中分别浸泡 0 h、1 h、3 h、5 h 后，在模拟海水溶液中腐蚀行为的机理。

5.3.1 制备

将石墨烯粉末按照 4 g/L 的比例分散于异丙醇中，之后加入 0.01 mol 的 2-巯基苯并咪唑，将其置于冰水浴环境下，采用冰浴液相超声剥离法超声 7.5 h，此后在常温下静置 48 h 得到 2-巯基苯并咪唑@石墨烯量子点悬浮溶液。为了去除未剥离的 2-巯基苯并咪唑@石墨烯大颗粒，将其在 8000 r/min 转速下高速离心 30 min。

5.3.2 结构表征分析

通过 UV-vis 对 2-巯基苯并咪唑@石墨烯量子点的异丙醇溶液进行分析。图 5-23 中的曲线分别是异丙醇、石墨烯量子点、苯并咪唑@石墨烯量子点以及 2-巯基苯并咪唑@石墨烯量子点的紫外可见吸收光谱。由图可知，2-巯基苯并咪唑@石墨烯量子点最大吸收峰位于 236 nm 处。在 236～278 nm 范围内出现强峰，且为四重多峰，此为苯环的精细结构特征。相比于苯并咪唑@石墨烯量子点，2-巯基苯并咪唑@石墨烯量子点在 278～324 nm 范围内出现新的吸光度，这可能与巯基的引入有关。324 nm 处的峰对应含氧官能团中 C=O 的 n-π* 跃迁。

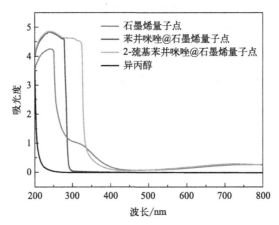

图 5-23 石墨烯量子点、苯并咪唑@石墨烯量子点、 2-巯基苯并咪唑@石墨烯量子点以及异丙醇的紫外可见吸收光谱

图 5-24 中显示了 2-巯基苯并咪唑@石墨烯量子点的异丙醇溶液从第 1 天到第 130 天的光学分散图片。由光学分散图片可清晰地看出，从第 1 天到第 130 天，溶液依旧如初，为肉眼可见的深蓝色透明分散溶液，说明 2-巯基苯并咪唑@石墨烯量子点在异丙醇溶液中有很好的分散性和存储稳定性。

通过 UV-vis 测试放置不同时间后的 2-巯基苯并咪唑@石墨烯量子点异丙醇溶液的吸光度，如图 5-25 所示。第 1 天 2-巯基苯并咪唑@石墨烯量子点的吸光度为 4.58，放置第 130 天的吸光度为 4.61。在此过程中，吸光度有略微的浮动，但整体保持平稳。根据朗伯-比尔定律，说明 2-巯基苯并咪唑@石墨烯量子点稀溶液的分散浓度未发生很大变化。这与图 5-24

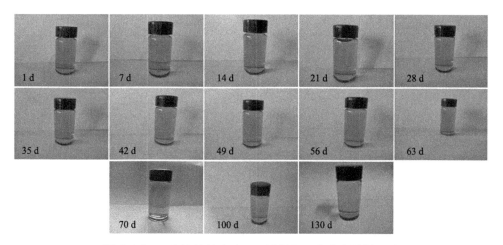

图 5-24 2-巯基苯并咪唑@石墨烯量子点光学分散照片

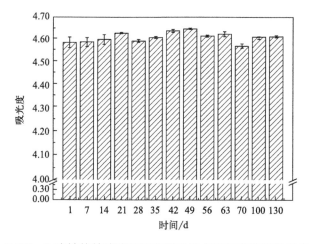

图 5-25 2-巯基苯并咪唑@石墨烯量子点异丙醇溶液的吸光度

中的宏观结果一致，2-巯基苯并咪唑@石墨烯量子点在异丙醇中确实有长期均一的分散稳定性。

图 5-26 为 2-巯基苯并咪唑@石墨烯量子点的 SEM 图。由图可知，2-巯基苯并咪唑@石墨烯量子点呈现大面积片层形貌，可能是由于 2-巯基苯并咪唑的修饰改善了石墨烯量子点团聚的现象，从而在图中可观察到清晰的层层交叉分离的片层形貌。

图 5-27 为 2-巯基苯并咪唑@石墨烯量子点的 TEM 图。从图可知，所制备的 2-巯基苯并咪唑@石墨烯量子点既有石墨烯纳米球的特征，也有 2-

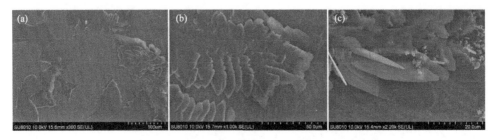

图 5-26 2-巯基苯并咪唑@石墨烯量子点的 SEM 图

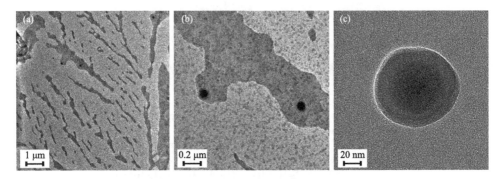

图 5-27 2-巯基苯并咪唑@石墨烯量子点的透射电镜图

巯基苯并咪唑树枝状薄层的特点，说明 2-巯基苯并咪唑已经与石墨烯量子点成功复合。图 5-27(c) 中显示出 2-巯基苯并咪唑@石墨烯量子点组成的纳米球形貌的直径为 130 nm，且纳米球的厚度相比于石墨烯量子点显得更为厚实。

图 5-28 是所制备的 2-巯基苯并咪唑@石墨烯量子点的 AFM 图。从图 5-28(a) 中可以看出，在 25 μm×25 μm 的扫描范围内，2-巯基苯并咪唑@石墨烯量子点中含有大量树枝形貌，这与 SEM 和 TEM 的拍摄结果一致。图 5-28(c) 是图 5-28(b) 中实线 AB 位置的 2-巯基苯并咪唑@石墨烯量子点的厚度轮廓图。2-巯基苯并咪唑@石墨烯量子点有着明显较宽的尺寸分布，厚度范围在 10～175 nm 之间。这是因为 2-巯基苯并咪唑修饰在石墨烯量子点上，增加了石墨烯量子点的厚度。又因为巯基的引入，故 2-巯基苯并咪唑@石墨烯量子点的厚度范围大于苯并咪唑@石墨烯量子点。

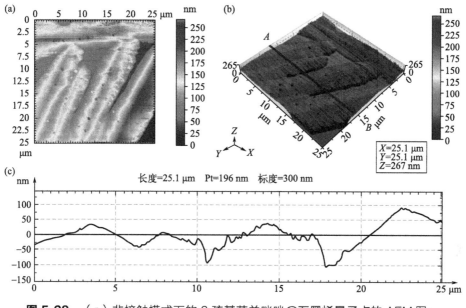

图5-28 （a）非接触模式下的2-巯基苯并咪唑@石墨烯量子点的AFM图；
（b）图（a）的三维高度图；（c）图（b）中AB位置的厚度轮廓图

5.3.3 腐蚀行为

图5-29是Q235碳钢分别浸泡在2-巯基苯并咪唑@石墨烯量子点溶液中0 h、1 h、3 h、5 h后的开路电位图。由图可观察到，浸泡1 h、3 h、5 h后的Q235钢块的开路电位皆比未浸泡在2-巯基苯并咪唑@石墨烯量子点溶液中的Q235钢块（0 h）有正移现象，说明2-巯基苯并咪唑@石墨

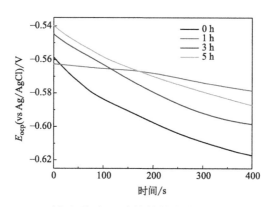

图5-29 Q235碳钢浸泡在2-巯基苯并咪唑@石墨烯量子点溶液中
0 h、1 h、3 h、5 h后的开路电位图

烯量子点吸附在铁表面后腐蚀趋势减弱。浸泡 0 h 的 E_{ocp} 值最负，说明未浸入 2-巯基苯并咪唑@石墨烯量子点溶液中的 Q235 碳钢腐蚀趋势最强。

图 5-30 是 Q235 碳钢分别浸泡在 2-巯基苯并咪唑@石墨烯量子点溶液中 0 h、1 h、3 h、5 h 后的伯德图。从图 5-30(a) 中可知，空白组的钢块与在 2-巯基苯并咪唑@石墨烯量子点溶液中浸泡 1 h 后的钢块在中频区几乎重合；在 2-巯基苯并咪唑@石墨烯量子点溶液中浸泡 3 h 和 5 h 后的钢块在中高频区出现重合，说明两者有非常相似的性质。

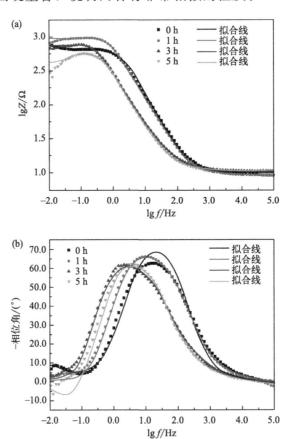

图 5-30 Q235 碳钢浸泡在 2-巯基苯并咪唑@石墨烯量子点溶液中
0 h、1 h、3 h、5 h 后的伯德图

图 5-31 是 Q235 碳钢分别浸泡在 2-巯基苯并咪唑@石墨烯量子点溶液中 0 h、1 h、3 h、5 h 后的奈奎斯特图。图中可看出 Q235 碳钢在 2-巯基苯并咪唑@石墨烯量子点溶液中浸泡之后，整体在低频处呈现感抗特征，

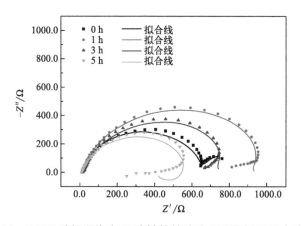

图 5-31 Q235 碳钢浸泡在 2-巯基苯并咪唑@石墨烯量子点溶液中

0 h、1 h、3 h、5 h 后的奈奎斯特图

实部随频率降低而出现电感性收缩现象，表明三者的电化学机理相同，浸泡在 2-巯基苯并咪唑@石墨烯量子点溶液中更容易发生局部腐蚀。

浸泡在 2-巯基苯并咪唑@石墨烯量子点溶液中 1 h、3 h、5 h 的等效电路如图 5-13 所示。表 5-3 是 Q235 碳钢分别浸泡在 2-巯基苯并咪唑@石墨烯量子点溶液中 1 h、3 h、5 h 后的奈奎斯特图中的拟合参数。

由表 5-3 可知，浸泡 1 h 时，体系中溶液电阻 R_s 为 9.301 $\Omega \cdot cm^2$，腐蚀电阻 $R_1+R_2+R_3$ 为 950.25 $\Omega \cdot cm^2$；浸泡 3 h 时，体系中溶液电阻 R_s 为 10.50 $\Omega \cdot cm^2$，腐蚀电阻 $R_1+R_2+R_3$ 为 739.2 $\Omega \cdot cm^2$；浸泡 5 h 时，体系中溶液电阻 R_s 为 10.35 $\Omega \cdot cm^2$，腐蚀电阻 $R_1+R_2+R_3$ 为 534.94 $\Omega \cdot cm^2$。随着浸泡时间的增加，腐蚀电阻逐渐减小，说明 2-巯基苯并咪唑@石墨烯量子点在 Q235 碳钢表面累积的腐蚀产物对 Q235 碳钢的防护作用降低。在 2-巯基苯并咪唑@石墨烯量子点溶液中浸泡 1 h 和 3 h 后的腐蚀电阻均大于没有浸泡的，说明 2-巯基苯并咪唑@石墨烯量子点的加入会抑制 Q235 碳钢的腐蚀[52]。

表 5-3 Q235 碳钢浸泡在 2-巯基苯并咪唑@石墨烯量子点

溶液中 1 h、3 h、5 h 的 EIS 拟合结果

时间/h	1	3	5
$R_s/(\Omega \cdot cm^2)$	9.301	10.50	10.35
$CPE1/(F/cm^2)$	2.203×10^{-4}	6.778×10^{-4}	4.728×10^{-4}
n_1	0.8328	0.7757	0.8466

时间/h	1	3	5
$R_1/(\Omega \cdot cm^2)$	60.45	86.79	42.34
$C_1/(F/cm^2)$	3.220×10^{-4}	7.067×10^{-4}	2.286×10^{-4}
$R_2/(\Omega \cdot cm^2)$	86.20	35.71	156.3
L/H	163.5	391.1	440.9
$R_L/(\Omega \cdot cm^2)$	230.5	341.7	424.7
$C_2/(F/cm^2)$	2.053×10^{-5}	2.661×10^{-5}	6.632×10^{-5}
$R_3/(\Omega \cdot cm^2)$	803.6	616.7	336.3
$R_1+R_2+R_3/(\Omega \cdot cm^2)$	950.25	739.20	534.94
$\chi^2/10^{-3}$	1.246	1.449	7.881

5.3.4　小结

采用冰浴液相超声剥离法制备 2-巯基苯并咪唑@石墨烯量子点。在对 2-巯基苯并咪唑@石墨烯量子点摩擦学性能及腐蚀行为的探究中，得到了如下结论。

① 由 UV-vis 可知，超声剥离后的 2-巯基苯并咪唑@石墨烯量子点有很好的分散性和储存稳定性。由 UV-vis、SEM 和 TEM 可知，2-巯基苯并咪唑已经成功修饰在石墨烯量子点上。结合 AFM 高度信息可以观察到，由于 2-巯基苯并咪唑的修饰，2-巯基苯并咪唑@石墨烯量子点的厚度会有所增加。

② 应用电化学阻抗谱探究 2-巯基苯并咪唑@石墨烯量子点 Q235 碳钢在模拟海水中的腐蚀发展规律。结果表明，2-巯基苯并咪唑@石墨烯量子点在 Q235 碳钢表面形成薄膜，随着浸泡时间的延长，腐蚀电阻值减小，低频阻抗实部依然呈现电感性收缩现象。

第6章

有机含氮类缓蚀剂的腐蚀防护

6.1　咪唑啉衍生物的合成及其在混凝土模拟液中的性能

　　钢筋混凝土是目前世界上使用最广泛的建筑材料之一，主要应用在公路、桥梁、水坝、机场等大型建筑中，为社会经济的发展奠定了坚实的基础。但随着国内海洋事业的蓬勃发展，如港珠澳大桥的建设，钢筋混凝土已成为建设这些基础设施的主体[53]。我国钢筋混凝土的使用总量约占世界总用量的一半。钢筋混凝土的结构在一般工作条件下拥有较长的服务年限，但是在苛刻的工作条件下，如海洋环境、重工业发达地区、盐碱地等，钢筋混凝土的服务年限大幅度下降[54]。

　　目前，我国研究最多的就是钢筋混凝土在海洋环境中的耐久性问题。在海洋环境中钢筋混凝土失效的主要原因是海水中含有大量的氯离子、硫酸根离子等腐蚀介质，这些腐蚀介质从混凝土块中的孔隙进入混凝土块状内部，进一步聚集在碳钢表面，破坏钢筋在强碱环境中形成的钝化膜；随着氯离子的进一步富集，腐蚀进一步扩大，钢筋腐蚀过程形成的腐蚀产物的体积变为原来的 $2 \sim 3$ 倍，其应力足以破坏混凝土结构；裸露的钢筋暴露在海洋环境下，钢筋直接与大气接触，氧气、氯离子、二氧化碳进一步腐蚀钢筋，最终导致混凝土的结构被损坏，力学性能丧失，进一步造成经济损失。

　　钢筋混凝土的损坏是由钢筋发生腐蚀而造成的。腐蚀是指金属或非金属在周围介质，如水、空气、酸、碱、盐、溶剂等作用下产生损耗与破坏的过程[55]。金属腐蚀的问题涉及国内的各个领域，给国民经济造成了巨大的损失。

　　近些年来，随着海洋事业的迅猛发展，特别是海上石油的开采、跨海桥梁的建设等对混凝土结构耐久性提出了新的挑战。

　　目前，提高海洋环境下混凝土结构耐久性的技术有很多，例如增加混凝土保护层厚度、改变内部掺料配比、使用涂层或镀层钢筋、加入缓蚀剂、阴极保护等方法。上述方法各有利弊，例如增加混凝土保护层的厚度，只是延缓了氯离子到达钢筋表面的速度且成本较高；改变内部掺料配比，对混凝土结构的耐久性发挥的作用微乎其微。国内研究最多的就是在混凝土中添加缓蚀剂，例如：Zhang[56] 将玉米蛋白粉的提取物作为缓蚀剂添加到混凝土中，其缓蚀效率可达 88.10%；Liu[57] 将梧桐树树叶的提取物作为缓蚀剂添加到混凝土中，其缓蚀效果大幅度提升。上述研究基本都是将有机化合物添加到混凝土中，且取得了较好的缓蚀效果。

有机化合物，特别是含氮杂环化合物[58-60]作为功能化合物能应用到许多领域，也能够起到一定的缓蚀效果，这是因为有机化合物中含有杂原子（N、O、S、P 等）和 π 键电子，能够和 Fe 中的 3d 空轨道相结合形成稳定的配位键，从而阻碍氯离子等腐蚀介质对碳钢的侵蚀。咪唑啉衍生物作为缓蚀剂一直是广大研究者的热点之一，咪唑啉衍生物本身含有 N 原子，可以吸附到碳钢表面，通过改性咪唑啉衍生物，从而增大缓蚀剂分子于碳钢表面的吸附能力，具有更好的缓蚀效果。

6.1.1 制备

咪唑啉衍生物的合成路线如图 6-1 所示。

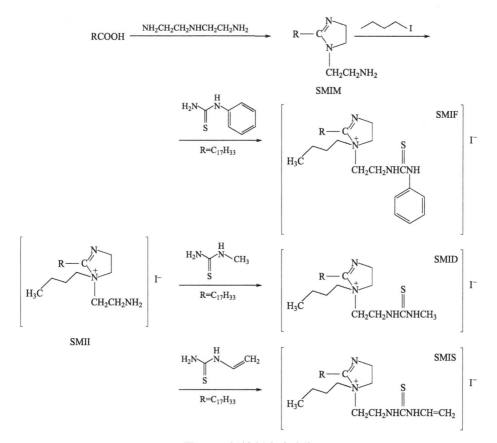

图 6-1 缓蚀剂合成路线

合成缓蚀剂的方法如下[61]。

① 将油酸和二乙烯三胺按照 1∶1.1 的摩尔比加入四口烧瓶中，在 140 ℃下反应 2 h，然后在 190～210 ℃下对产物进行脱水、环化，以二甲苯为脱水剂并回流 1.5 h，使水分和二乙烯三胺分离出体系，得到油酸咪唑啉（SMIM）缓蚀剂，SMIM 是呈浅黄色的黏稠液体。

② 将 SMIM 加入四口烧瓶中，并加入一定量的碘代正丁烷，在 140～170 ℃下反应 2～4 h，溶液由浅黄色逐渐变成深红棕色，停止加热，此时生成油酸咪唑啉碘代正丁烷（SMII），SMII 是呈深红棕色的黏稠液体[53]。

③ 将 SMII 分成三等份，分别加入适量的 N-甲基硫脲、烯丙基硫脲和 N-苯基硫脲，温度保持在 140 ℃左右反应 1.5 h，待温度冷却至室温加入少量的正辛醇，对生成物进行减压蒸馏，得到咪唑啉甲基硫脲碘代正丁烷季铵盐（SMID）、咪唑啉烯丙基硫脲碘代正丁烷季铵盐（SMIS）、咪唑啉苯基硫脲碘代正丁烷季铵盐（SMIF）。

6.1.2 结构表征分析

6.1.2.1 红外光谱分析

采用 ATR-FTIR 对图 6-1 中的各最终产物进行表征，红外光谱如图 6-2 所示。其中图 6-2(a)～(c) 分别为 SMID、SMIS、SMIF 缓蚀剂分子的红外光谱图。

从图 6-2 中可看出，缓蚀剂分子在 3275.0 cm^{-1} 处的峰是伯胺 N—H 的吸收峰，在 1650.0 cm^{-1} 处的吸收峰是 C=N 的伸缩振动峰，在 2925.0 cm^{-1} 及 2842.0 cm^{-1} 处出现—CH$_2$—弯曲振动峰，在 1460.0 cm^{-1} 处出现 C—C 伸缩振动峰，在 1170.0 cm^{-1} 处出现 C=S 伸缩振动峰。其中 SMIF 缓蚀剂分子在 1500～1600 cm^{-1} 处有中等强度的尖锐吸收峰，SMIS 缓蚀剂分子在 1650～1640 cm^{-1} 处的峰是 C=C 伸缩振动峰，SMID 缓蚀剂分子在 3000 cm^{-1} 左右是甲基的特征峰，可以证明缓蚀剂分子已基本合成[62]。

6.1.2.2 拉曼光谱分析

使用 DXR 激光共焦显微拉曼光谱仪对目标产物进行分析，其激发波长为 785 nm。拉曼光谱如图 6-3 所示，其中图 6-3(a)～(c) 分别为 SMID、SMIS、SMIF 缓蚀剂分子的拉曼光谱图。

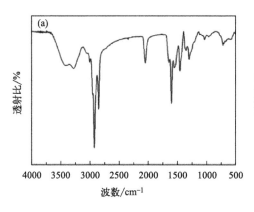
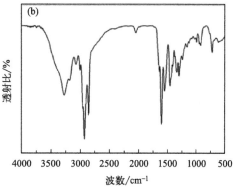
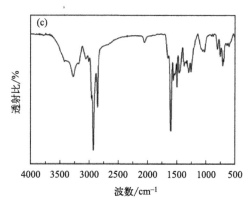

图 6-2 缓蚀剂红外光谱图

（a）SMID；（b）SMIS；（c）SMIF

从图中可看出，缓蚀剂分子在 1300 cm^{-1} 处的吸收峰是—CH$_2$—的面内摇摆振动峰，1650～1950 cm^{-1} 处的吸收峰是—N—H—的倍频峰，1080 cm^{-1} 处的吸收峰是—C—N—的伸缩振动峰。SMIF 缓蚀剂分子在 1600 cm^{-1} 和 1400 cm^{-1} 左右的吸收峰是苯环的特征吸收，SMIS 缓蚀剂分子在 1750 cm^{-1} 左右的峰是 C=C 的特征吸收峰，SMID 缓蚀剂分子在 1000 cm^{-1} 左右的峰是—CH$_3$ 的特征吸收峰，可证明缓蚀剂分子均已合成[63]。

6.1.2.3 元素分析

利用 2400 Ⅱ 型元素分析仪对合成的缓蚀剂分子进行元素分析，表 6-1 为咪唑啉衍生物缓蚀剂的元素分子表。根据表中数据所示，实测值与理论值基本吻合，则可证明目标缓蚀剂分子基本合成。

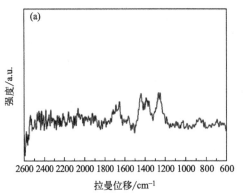
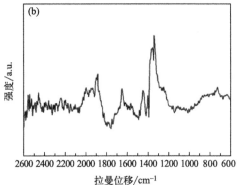

图 6-3　缓蚀剂拉曼光谱图

（a）SMID；（b）SMIS；（c）SMIF

表 6-1　缓蚀剂元素分子表　　　　　　　　单位：%

化合物	元素	测量值	理论值
SMID	C	57.38	57.22
	H	7.35	7.45
	N	9.17	9.20
	S	5.32	5.32
SMIS	C	59.17	59.20
	H	7.35	7.45
	N	5.32	5.27
	S	5.32	5.27
SMIF	C	59.60	59.28
	H	8.72	9.53
	N	8.38	9.38
	S	4.56	4.79

6.1.2.4 核磁共振分析

以二甲亚砜作为溶剂，SMID、SMIS、SMIF 缓蚀剂分子的核磁共振氢谱（[1]H-AVANCE）和核磁共振碳谱（[13]C-AVANCE ） 如图 6-4～图 6-6 所示。

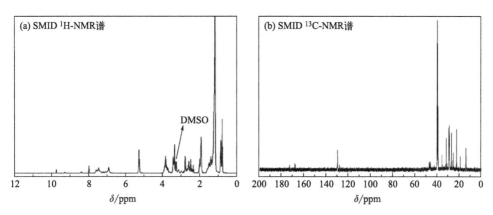

图 6-4 SMID 缓蚀剂核磁共振谱图

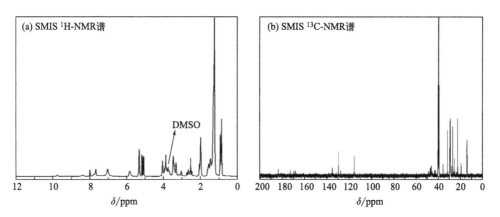

图 6-5 SMIS 缓蚀剂核磁共振谱图

图 6-4 显示了 SMID 的[1]H-NMR 谱和[13]C-NMR 谱。^{1}H-NMR 谱中，δ(7.5) 是醛亚胺的特征峰，δ(3.55) 是—NC（＝S）的特征峰，δ(3.25) 是—C＝N 的特征峰，δ(2.16) 是 1-C＝C 的特征峰，δ(1.25) 为亚甲基的特征峰；^{13}C-NMR 谱中，δ(130.6) 是特 1-乙烯的特征峰，δ(28.0) 为—C＝N 的特征峰，δ(15.2) 为 β-C（＝S）—N 的特征峰[64]。

图 6-5 显示了 SMIS 的[1]H-NMR 谱和[13]C-NMR 谱。^{1}H-NMR 谱图中，δ(7.5) 是醛亚胺的特征峰，δ(3.55) 是—NC（＝S）的特征峰，δ(3.25)

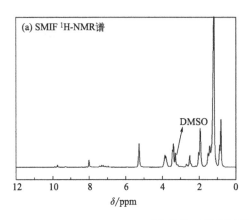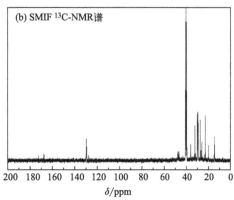

图 6-6 SMIF 缓蚀剂核磁共振谱图

是—C＝N 的特征峰，δ（2.16）是 1-C＝C 的特征峰，δ（1.25）为亚甲基的特征峰；^{13}C-NMR 谱图中，δ（130.6）是特 1-乙烯的特征峰，δ（28.0）为—C＝N 的特征峰，δ（15.2）为 β-C（＝S）—N 的特征峰。

图 6-6 显示了 SMIF 的 ^{1}H-NMR 谱和 ^{13}C-NMR 谱。^{1}H-NMR 谱图中，δ（7.5）是醛亚胺的特征峰，δ（3.55）是—NC（＝S）的特征峰，δ（3.25）是—C＝N 的特征峰，δ（2.16）是 1-C＝C 的特征峰，δ（1.25）为亚甲基的特征峰；^{13}C-NMR 谱图中，δ（130.6）是特 1-乙烯的特征峰，δ（28.0）为—C＝N 的特征峰，δ（15.2）为 β-C（＝S）—N 的特征峰。

综上，红外光谱、拉曼光谱、元素分析和核磁共振谱图均证明了缓蚀剂已合成。

6.1.3　失重分析

将制备好的 Q235 钢片放入含有缓蚀剂的模拟混凝土孔隙液（SCP）溶液中，在 25 ℃且与空气接触下浸泡 5 d，精确称量 Q235 钢片前后质量的变化，每组实验进行 3 次，以确保实验的准确性。表 6-2 为钢片在含不同缓蚀剂的 SCP 溶液中的失重情况。

表 6-2　失重实验结果

C /(g/L)	SMIM		SMII		SMIF	
	C_R/[mg/(cm²·h)]	η/%	C_R/[mg/(cm²·h)]	η/%	C_R/[mg/(cm²·h)]	η/%
0.0	0.143±0.005	—	0.143±0.005	—	0.143±0.005	—
4.0	0.087±0.003	39.51	0.083±0.005	41.53	0.075±0.0003	47.17

C /(g/L)	SMIM		SMII		SMIF	
	$C_R/[mg/(cm^2 \cdot h)]$	$\eta/\%$	$C_R/[mg/(cm^2 \cdot h)]$	$\eta/\%$	$C_R/[mg/(cm^2 \cdot h)]$	$\eta/\%$
6.0	0.061±0.002	51.20	0.059±0.003	59.69	0.045±0.0005	68.54
8.0	0.042±0.003	70.56	0.035±0.002	75.40	0.016±0.0036	88.70
10.0	0.074±0.002	48.38	0.072±0.003	49.59	0.019±0.0006	59.61

C /(g/L)	SMID		SMIS	
	$C_R/[mg/(cm^2 \cdot h)]$	$\eta/\%$	$C_R/[mg/(cm^2 \cdot h)]$	$\eta/\%$
0.0	0.143±0.005	—	0.143±0.005	—
4.0	0.080±0.002	43.95	0.078±0.004	45.16
6.0	0.053±0.006	62.90	0.052±0.002	64.11
8.0	0.029±0.004	79.43	0.023±0.001	83.87
10.0	0.070±0.005	51.20	0.006±0.005	57.05

在 298 K 下，空白 SCP 溶液中，Q235 钢片腐蚀得最为严重，其腐蚀速率为 0.143 mg/(cm² · h)，但在添加不同缓蚀剂后，腐蚀速率逐渐降低。在上述缓蚀剂中，同一种缓蚀剂在 8.0 g/L 时缓蚀效果是最好的。通过腐蚀速率可以得出，当缓蚀剂浓度低于 8.0 g/L 时，缓蚀剂分子在 Q235 碳钢表面的吸附量较低，保护膜不能均匀地覆盖在 Q235 钢片表面；当缓蚀剂浓度高于 8.0 g/L 时，缓蚀剂本身还有较多的吸附官能团，缓蚀剂分子间能够发生吸附，导致一定量的缓蚀剂从 Q235 碳钢表面脱落，导致腐蚀速率上升。同种缓蚀剂的缓蚀效率：$C(8.0 \text{ g/L})>C(6.0 \text{ g/L})>C(10.0 \text{ g/L})>C(4.0 \text{ g/L})$。在浓度相同的缓蚀剂中，缓蚀效率最佳的是 SMIF 缓蚀剂，其腐蚀速率为 0.016 mg/(cm² · h)。上述缓蚀剂的缓蚀效率为 SMIF(88.70%)>SMIS(83.87%)>SMID(79.43%)>SMII(75.40%)>SMIM(70.56%)。

在添加不同缓蚀剂的 SCP 溶液中，腐蚀速率都有所下降，其主要原因是缓蚀剂分子上的 N 原子、C=S、π 键等吸附在 Q235 碳钢表面，形成一层保护膜，阻碍了氯离子等腐蚀介质对 Q235 碳钢表面的腐蚀。含有 SMIF 缓蚀剂的 SCP 溶液缓蚀效果最佳，可能是 SMIF 分子中含有苯基官能团，进一步加强了缓蚀剂分子在 Q235 碳钢表面的吸附。

6.1.4 表面分析

图 6-7～图 6-12 是在含不同浓度、不同缓蚀剂的 SCP 腐蚀溶液中浸泡 5 d 后 Q235 碳钢表面的腐蚀形貌图。

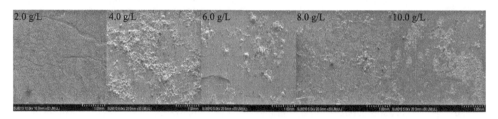

图 6-7　Q235 碳钢在 SMIM 缓蚀剂下表面腐蚀形貌图

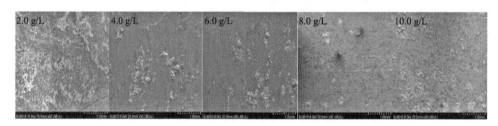

图 6-8　Q235 碳钢在 SMII 缓蚀剂下表面腐蚀形貌图

图 6-9　Q235 碳钢在 SMID 缓蚀剂下表面腐蚀形貌图

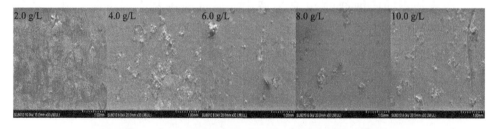

图 6-10　Q235 碳钢在 SMIS 缓蚀剂下表面腐蚀形貌图

图 6-11 Q235 碳钢在 SMIF 缓蚀剂下表面腐蚀形貌图

根据图可知，不同种类的缓蚀剂，当浓度为 8.0 g/L 时，Q235 钢片发生腐蚀的程度是最小的，但是在没有缓蚀剂的溶液中，Q235 钢片发生严重腐蚀，表面十分粗糙且高低不平，并有沟壑形成。随着缓蚀剂浓度的增加，腐蚀程度逐渐减小，但浓度超过 8.0 g/L 时，Q235

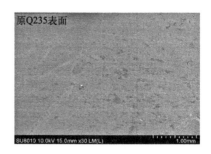

图 6-12 Q235 碳钢的 SEM 图

碳钢表面的腐蚀程度逐渐上升，且缓蚀效果 $C(8.0\ \text{g/L}) > C(6.0\ \text{g/L}) > C(10.0\ \text{g/L}) > C(4.0\ \text{g/L})$，与失重实验结果相互对应。各缓蚀剂起到缓蚀作用的主要原因可能是缓蚀剂分子与 Q235 碳钢发生吸附，形成一层化学保护膜，主要是缓蚀剂分子中 N 元素、S 元素、苯环、不饱和键与 Fe 中 3d 轨道形成配位键，阻碍腐蚀介质对 Q235 碳钢的进一步腐蚀。

图 6-13 是 Q235 钢片在含 8 g/L 不同种类缓蚀剂的 SCP 溶液中浸泡 5 d 后 Q235 碳钢表面的腐蚀形貌图。根据图可知：当不同缓蚀剂的浓度为 8.0 g/L 时，Q235 碳钢表面的光滑程度：SMIF＞SMIS＞SMID＞SMII＞SMIM。SMIF 缓蚀剂的缓蚀效果最佳，几乎不发生腐蚀，其卓越的缓蚀性能是因为 SMIF 分子中含有苯基官能团，进一步加强了缓蚀剂在 Q235 碳钢表面的吸附，使腐蚀介质不能与铁基面接触，从而阻碍了腐蚀的进一步发生。

6.1.5 电化学分析

6.1.5.1 开路电位（OCP）

图 6-14 分别为不同浓度 SMIM、SMII、SMID、SMIS、SMIF 缓蚀剂

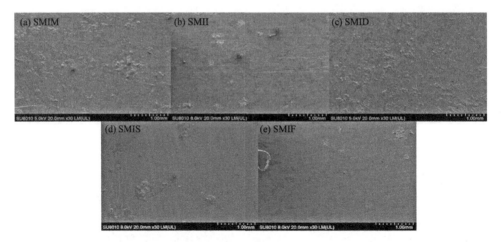

(a) SMIM　(b) SMII　(c) SMID

(d) SMIS　(e) SMIF

图 6-13　Q235 钢片在含 8 g/L 不同种类缓蚀剂的 SCP 溶液中浸泡 5 d 后的 SEM 图

在 SCP 溶液中的开路电位图。测试温度为 25 ℃，在普林斯顿电化学工作站 OCP 模块下进行。

　　从图中可以看出，未添加 SMIF 缓蚀剂的空白组中，稳定开路电位处在 −0.45 V 以下，添加不同浓度的缓蚀剂以后，稳定开路电位值均上移。这可能是因为 Q235 碳钢在腐蚀溶液中与碳钢基体相接触，反应活性较大，致使开路电位在 0~200 s 之间迅速下降；添加不同浓度的缓蚀剂后，缓蚀剂分子在腐蚀溶液中与碳钢基体发生相互作用，缓蚀剂分子吸附在碳钢表面形成吸附膜，降低了腐蚀的反应活性，从而提高了开路电位。不同浓度的缓蚀剂，开路电位有所不同，主要是缓蚀剂分子在碳钢表面的覆盖度不一样。缓蚀剂浓度低的不足以在碳钢表面形成保护膜，随着缓蚀剂浓度的上升，缓蚀剂分子在碳钢表面形成的保护膜逐渐完整，在浓度为 8.0 g/L 时，各缓蚀剂的开路电位均达到最大值。开路电位越大，说明缓蚀剂分子在碳钢表面形成的吸附膜越致密，从而阻碍了腐蚀介质对碳钢的进一步腐蚀。但随着缓蚀剂浓度的继续增加，开路电位均下降，说明缓蚀剂分子在碳钢表面形成的保护膜已达到饱和，继续往腐蚀溶液中添加，溶液中缓蚀剂达到过饱和，缓蚀剂分子从碳钢表面脱落，露出碳钢表面，腐蚀介质对碳钢表面又进一步腐蚀，开路电位有所下降。由此说明缓蚀剂浓度在 8.0 g/L 时，缓蚀效果达到最佳[65]。由图 6-14 可知，上述五种咪唑啉衍生物缓蚀剂添加到 SCP 溶液中，开路电位上移，说明该缓蚀剂属于阳极型缓蚀剂。图 6-15 是不同缓蚀剂在 SCP 溶液中浓度为 8.0 g/L 时的

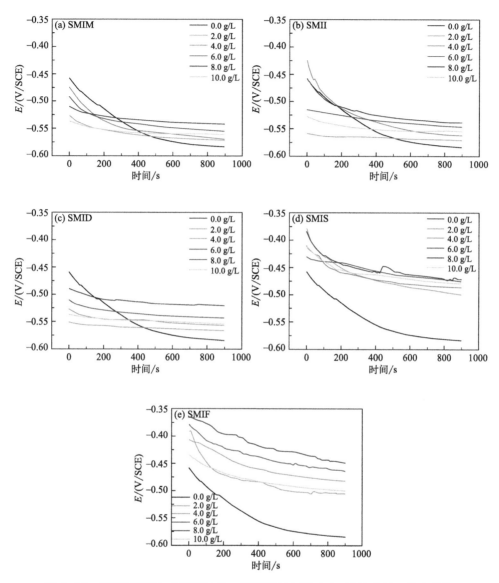

图 6-14 Q235 碳钢在含不同浓度、不同缓蚀剂的 SCP 溶液中的开路电位图

开路电位图。

根据图 6-15 所示，当上述 5 种缓蚀剂的浓度在 8 g/L 时，其开路电位都达到了最大值，其腐蚀电位：$E_{SMIF}(-0.44\ V) > E_{SMIS}(-0.45\ V) > E_{SMID}(-0.51\ V) > E_{SMII}(-0.52\ V) > E_{SMIM}(-0.53\ V)$。SMIF 缓蚀剂的开路电位是最大的，表明 SMIF 缓蚀剂的缓蚀效果是最好的。可能是由于

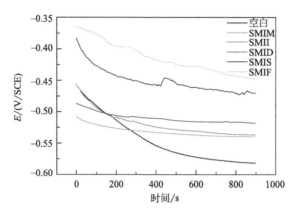

图 6-15 各缓蚀剂在浓度为 8.0 g/L 时的开路电位图

SMIF 缓蚀剂分子携带苯基官能团，进一步促进了缓蚀剂分子在 Q235 碳钢表面的吸附，使其缓蚀效果达到最优。SMIS 缓蚀剂分子中含有碳碳双键，其中还有 π 电子，也可以在碳钢表面发生吸附形成稳定的保护膜。SMID 缓蚀剂中没有 π 电子，但其吸附能力强于 SMII 和 SMID，是因为分子内 C＝S 中 S 的孤电子对与 Fe 的 3d 轨道形成稳定的配位键，可以阻止氯离子等腐蚀介质对碳钢的进一步腐蚀。

6.1.5.2 动电位极化曲线（Tafel）

图 6-16 是 25 ℃ 下，在 SCP 溶液中分别添加不同种类、不同浓度（0.0 g/L、2.0 g/L、4.0 g/L、6.0 g/L、8.0 g/L、10.0 g/L）缓蚀剂的动电位极化曲线，在普林斯顿电化学工作站 Tafel 模块下进行，其中可以在动电位极化曲线中得出：腐蚀电流密度（i_{corr}）、腐蚀电位（E_{corr}）、缓蚀效率（η）、阳极斜率（β_a）、阴极斜率（β_c）。结果见表 6-3。

由图 6-16 和表 6-3 可知，随着同种缓蚀剂浓度的逐渐上升，Q235 碳钢的腐蚀电位（E_{corr}）上移，腐蚀电流（i_{corr}）向低电流密度的方向移动，缓蚀效果较好；但缓蚀剂浓度超过 8.0 g/L 时，Q235 碳钢的腐蚀电位（E_{corr}）下移，腐蚀电流（i_{corr}）向高电流密度方向移动，腐蚀速率快速上升。当 SMIM 缓蚀剂浓度为 8.0 g/L 时，其腐蚀电位为 －531.427 mV，腐蚀电流为 6.47 mA，缓蚀效率为 61.74%；SMII 缓蚀剂浓度为 8.0 g/L 时，其腐蚀电位为 －521.864 mV，腐蚀电流为 5.99 mA，缓蚀效率为 64.62%；SMID 缓蚀剂浓度为 8.0 g/L 时，其腐蚀电位为 －529.516 mV，腐蚀电流为 3.742 mA，缓蚀效率为 77.90%；SMIS 缓蚀剂浓度为 8.0 g/L

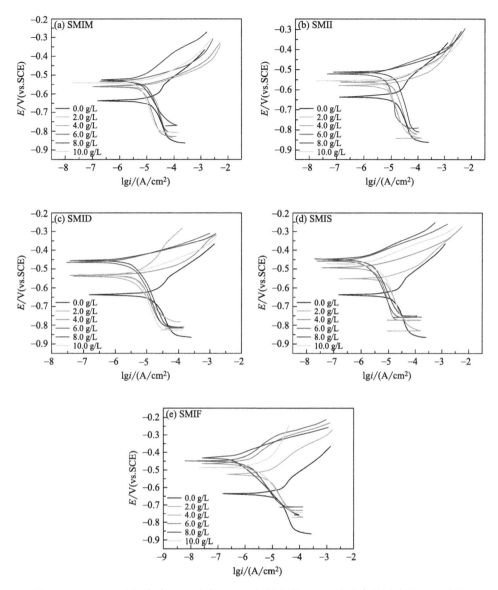

图 6-16 Q235 碳钢在含不同浓度、不同缓蚀剂的 SCP 溶液中的动电位极化曲线

时，其腐蚀电位为－531.427 mV，腐蚀电流为 2.15 mA，缓蚀效率为 86.14%；SMIF 缓蚀剂浓度为 8.0 g/L 时，其腐蚀电位为－428.14 mV，腐蚀电流为 1.85 mA，缓蚀效率为 61.74%；说明此类缓蚀剂在浓度为 8 g/L 时，缓蚀效果达到最佳，防护效果最好。

表 6-3 极化曲线参数及缓蚀效率

缓蚀剂	C (g/L)	E_{corr} (vs. SCE)/mV	i_{corr} /(mA/cm²)	β_a /mV	β_c /mV	η /%
空白对照	—	−635.394	16.93	329.959	144.48	—
SMIM	2.0	−551.103	10.05	413.963	52.910	40.64
	4.0	−561.431	9.64	562.899	148.814	43.06
	6.0	−560.464	7.02	245.221	85.525	58.54
	8.0	−531.427	6.47	130.327	47.562	61.74
	10.0	−541.374	7.129	664.959	50.920	57.89
SMII	2.0	−579.096	10.91	375.887	38.263	35.56
	4.0	−561.175	8.86	451.780	47.998	47.67
	6.0	−512.132	6.95	348.915	71.475	58.95
	8.0	−521.864	5.99	492.744	64.908	64.62
	10.0	−556.017	8.27	450.014	47.828	51.15
SMID	2.0	−536.636	10.30	338.982	198.747	39.16
	4.0	−532.228	8.468	809.419	92.073	49.98
	6.0	−452.392	6.272	327.435	52.793	62.95
	8.0	−529.516	3.742	494.587	78.126	77.90
	10.0	−462.590	7.089	318.967	61.104	58.13
SMIS	2.0	−551.103	9.641	413.963	52.910	43.05
	4.0	−471.113	5.804	259.893	65.680	65.72
	6.0	−492.635	2.989	570.844	66.122	82.34
	8.0	−453.851	2.147	250.429	63.407	86.14
	10.0	−445.580	4.132	270.315	78.592	75.59
SMIF	2.0	−526.066	5.83	471.966	169.123	65.56
	4.0	−463.73	3.39	355.39	225.56	79.98
	6.0	−449.14	3.03	261.90	191.82	82.10
	8.0	−428.14	1.85	142.30	53.68	89.07
	10.0	−486.02	5.27	408.07	306.96	68.87

缓蚀剂在 SCP 溶液中的浓度低于 8.0 g/L 时,缓蚀效率上升,是由于缓蚀剂分子在 Q235 碳钢表面发生吸附,形成稳定的保护膜,阻碍了腐蚀介质对 Q235 碳钢基体的侵蚀;溶液浓度达到 8.0 g/L 时,缓蚀剂分子在 Q235 碳钢表面形成的化学保护膜是最稳定的,所以缓蚀效果最佳[66]。当浓度低于 8.0 g/L 时,缓蚀剂分子在 Q235 碳钢表面不足以形成完整的化学保护膜,Q235 碳钢表面与少量腐蚀介质接触,导致缓蚀效果欠佳。缓蚀剂在 SCP 溶液中的浓度超过 8.0 g/L 时,缓蚀效率下降,可能是由于缓蚀剂分子发生竞争吸附,导致缓蚀剂分子间存在有效官能团吸附,缓蚀剂分子不能在 Q235 碳钢表面发生吸附,促进了氯离子的腐蚀介质对 Q235 碳钢的侵蚀;也可能是缓蚀剂分子在 Q235 碳钢表面达到过饱和的状态,缓蚀剂分子在 Q235 碳钢表面形成的化学保护膜相继脱落,使 Q235 碳钢表面直接接触腐蚀介质,造成较大的腐蚀面积[67]。随着各缓蚀剂浓度的增加,腐蚀电位均上移,说明该缓蚀剂属于阳极型缓蚀剂,与之前的开路电位结果相符合。

通过上面分析可知,SMIM、SMII、SMID、SMIS、SMIF 缓蚀剂在 SCP 溶液中的浓度达到 8.0 g/L 时,缓蚀效果最好。为探究在相同浓度下不同种类缓蚀剂的缓蚀效果,图 6-17 和表 6-4 中显示了各缓蚀剂在 8.0 g/L 时的动电位极化曲线和极化曲线参数。

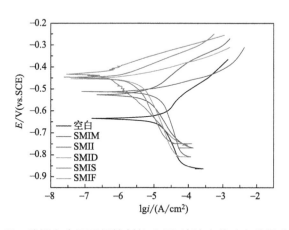

图 6-17 碳钢在含不同缓蚀剂的 SCP 溶液中的动电位极化曲线

通过比较含不同缓蚀剂的 SCP 溶液中的动电位极化曲线和动电位极化曲线的参数,可以说明 SMIF 缓蚀剂在这几种缓蚀剂中的缓蚀效果是最好的,缓蚀电位和腐蚀电流都比其他缓蚀剂优良很多,其中最高的缓蚀效

表 6-4　极化曲线参数及缓蚀效率

缓蚀剂	$C/(\mathrm{g/L})$	$E_{corr}(\mathrm{vs.\ SCE})$ /mV	i_{corr} /(mA/cm^2)	β_a /mV	β_c /mV	$\eta/\%$
空白	—	−635.394	16.93	329.959	144.48	—
SMIM	8.0	−531.427	6.47	130.327	47.562	61.74
SMII	8.0	−521.864	5.99	492.744	64.908	64.62
SMID	8.0	−529.516	3.742	494.587	78.126	77.90
SMIS	8.0	−453.851	2.147	250.429	63.407	86.14
SMIF	8.0	−428.14	1.85	142.3	53.68	89.07

率可达到 89.07%，次之是 SMIS 缓蚀剂。SMIS 缓蚀剂分子中还有双键的 π 电子，也可以与 Fe 的 3d 轨道发生一定量的吸附，但双键的 π 电子的吸附能力弱于苯的 π 键能力，所以 SMIF 缓蚀剂的吸附能力大于 SMIS 缓蚀剂，也大于 SMID 缓蚀剂，但 SMID 缓蚀剂的缓蚀能力大于 SMII 和 SMIM 缓蚀剂[68]，是因为 SMID 缓蚀剂分子中含有 SMII 和 SMIM 缓蚀剂分子中所没有的碳硫双键，所以总的缓蚀能力 SMIF＞SMIS＞SMID＞SMII＞SMIM，与之前的失重实验和电化学实验中的开路电位的结果相一致。

通过相关文献报道，比较添加缓蚀剂的 SCP 溶液中的腐蚀电位（E_{corr}）和无缓蚀剂的 SCP 溶液中的腐蚀电位（E_{corr}），其腐蚀电位差值大于 80 mV，说明 SMIF 缓蚀剂主要是抑制阳极反应的混合缓蚀剂。通过比较上述 SMIM、SMII、SMID、SMIS、SMIF 缓蚀剂的塔费尔曲线，发现其塔费尔图像基本没有发生变化，腐蚀斜率也基本一致，可以说明缓蚀剂在 SCP 溶液中的防腐机理没有发生变化，主要抑制阳极反应。

6.1.5.3　交流阻抗谱（EIS）

交流阻抗谱（EIS）的试验温度为 25 ℃，在普林斯顿 2273 电化学工作站 EIS 模块下进行。交流阻抗谱可分为两部分：伯德图和奈奎斯特图。图 6-18 是 SMIM、SMII、SMID、SMIS、SMIF 缓蚀剂在不同浓度下的奈奎斯特图，阻抗谱测量拟合电路如图 6-19 所示，缓蚀剂在浓度为 8.0 g/L 下的奈奎斯特图如图 6-20 所示。

图 6-19 中，R_s、CPE_f、CPE_{ct}、R_f、R_{ct}、χ^2 分别表示溶液电阻、吸附膜容抗、双电层容抗、吸附膜阻抗、电荷转移阻抗、拟合误差，CPE

的阻抗值可由式（2-1）计算得出。

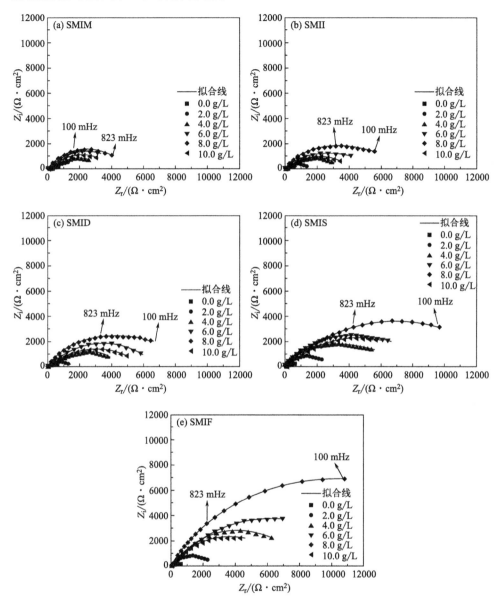

图 6-18 Q235 碳钢在含不同浓度、不同缓蚀剂的 SCP 溶液中的奈奎斯特图

从表 6-5 可知，添加不同浓度缓蚀剂时，R_s 的数值波动幅度较小，可以忽略不计，其中变化较大的是 R_f 和 R_{ct}，则可以说明 SMIF 缓蚀剂分子在碳钢表面发生吸附，形成吸附保护膜，有效地降低了金属腐蚀的速率。极化阻抗 R_p 可由式（6-1）求得，缓蚀效率可由式（2-4）求得。

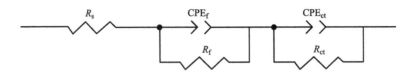

图 6-19 阻抗谱测量模拟等效电路

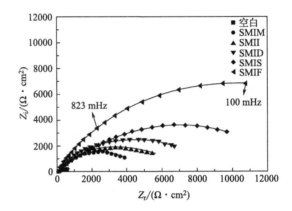

图 6-20 Q235 碳钢在各缓蚀剂浓度为 8.0 g/L 时在 SCP 溶液中的奈奎斯特图

其中：

$$R_p = R_{ct} + R_f \tag{6-1}$$

表 6-5 Q235 碳钢在含不同浓度、不同缓蚀剂的 SCP 溶液中的交流阻抗谱拟合参数

缓蚀剂	C /(g/L)	R_s/(Ω· cm²)	$Y_{0.f}$ /(10⁻⁵ S·Sⁿ ·cm⁻²)	N_f [1]	R_f/(Ω· cm²)	$Y_{0.ct}$ /(10⁻⁵ S·Sⁿ ·cm⁻²)	N_{ct} [2]	R_{ct}/(Ω· cm²)	χ^2	η/%
空白	0.0	10.42	254.6	0.460	872.7	281.9	0.69	1769	0.001	—
SMIM	2.0	16.06	265.38	0.513	941.3	51.74	0.63	2051	0.002	11.84
	4.0	15.99	9.75	0.966	3347	17.19	0.57	461.1	0.002	30.65
	6.0	31.78	15.94	0.707	4392	10.55	0.58	138.6	0.002	41.87
	8.0	13.17	10.59	0.769	4544	11	0.63	228.6	0.001	44.58
	10.0	12.70	21.7	0.618	1030.9	21.22	0.56	3307	0.003	39.04
SMII	2.0	16.21	20.32	0.735	3189	17.59	0.64	370.8	0.002	25.84
	4.0	21.74	15.11	0.672	3319	18.03	0.30	285.4	0.002	26.86
	6.0	11.47	9.45	0.654	4354	4.07	0.73	381.6	0.001	44.13
	8.0	35.30	17.36	0.652	5390	5.045	0.70	705	0.002	56.74
	10.0	8.74	4.145	0.726	3624	7.09	0.68	346	0.001	33.34

缓蚀剂	C /(g/L)	R_s/(Ω· cm²)	$Y_{0,f}$ /(10^{-5} S·S^n · cm⁻²)	N_f[①]	R_f/(Ω· cm²)	$Y_{0,ct}$ /(10^{-5} S·S^n · cm⁻²)	N_{ct}[②]	R_{ct}/(Ω· cm²)	χ^2	η/%
SMID	2.0	11.29	15.62	0.759	1500	72.1	0.88	21.83	0.001	72.99
	4.0	11.47	9.451	0.654	4354	4.073	0.73	381.6	0.002	44.13
	6.0	12.73	6.87	0.430	4421	4.27	0.62	2472	0.002	61.59
	8.0	27.16	5.234	0.728	4573	22.84	0.72	4453	0.002	70.71
	10.0	5.705	6.47	0.554	5944	5.86	0.76	193.4	0.001	56.83
SMIS	2.0	8.710	12.57	0.716	2729	4.58	0.99	17.14	0.002	3.73
	4.0	8.910	18.24	0.765	2535	3.34	0.79	3071	0.001	52.77
	6.0	13.43	5.53	0.830	2734	7	0.81	4866	0.002	65.17
	8.0	11.71	4.65	0.693	2167	1.52	0.78	7785	0.002	73.38
	10.0	14.29	14.73	0.544	1466	10.63	0.62	5521	0.002	62.12
SMIF	2.0	10.94	12.75	0.716	2729	4.58	0.79	17.14	0.002	3.80
	4.0	8.919	189.8	0.623	7917	8.16	0.79	148.2	0.002	67.15
	6.0	10.17	9.694	0.7	12170	1.614	0.67	252.1	0.001	78.67
	8.0	7.977	6.584	0.76	20210	10.33	0.65	163.6	0.001	86.99
	10.0	10.7	135.8	0.8	7278	4.992	0.63	57.33	0.001	63.90

① N_f（常数相位元件指数因子）是与常数相位元件（CPE）相关的参数，用来描述电极与溶液界面上电荷传递的行为。

② N_{ct} 是与电荷转移电阻 R_{ct} 相关的一个常数。电荷转移电阻 R_{ct} 是描述电化学反应中电荷转移速率的一个重要参数。它通常与金属表面上的电化学反应速率有关。

从图 6-20 中可以看出，随着各缓蚀剂的加入，奈奎斯特图的圆弧半径逐渐增大，说明缓蚀剂的加入增大了腐蚀溶液中的阻抗值，实部阻抗和虚部阻抗均增大。当浓度达到 8.0 g/L 时，其圆弧半径达到最大值，也就是缓蚀剂在此浓度下能够在碳钢表面形成完整稳定的保护膜，阻碍氯离子等腐蚀介质对碳钢表面的侵蚀，说明各缓蚀剂在浓度为 8.0 g/L 时具有最佳的缓蚀效果。其缓蚀效果顺序：SMIF＞SMIS＞SMID＞SMII＞SMIM。SMIF 缓蚀剂具有最高的缓蚀效果，从分子结构可知，SMIF 缓蚀剂分子具有苯环 π 键电子，可以和 Fe 的空轨道发生一定量的吸附；SMIS 具有碳碳双键的 π 键电子，其缓蚀能力不如 SMIF，但强于没有 π 键电子的 SMID；SMID 又强于 SMII 和 SMIM，是因为 SMID 分子上还有碳硫双键，具有一定的吸附能力，可以在碳钢表面发生吸附；SMII 缓蚀剂又强于 SMIM，碘离子也可以在碳钢表面发生吸附，形成稳定的保护膜。

从表 6-6 可以看出，拟合电路的卡方值均远小于 0.05，说明 Q235 碳钢在 SCP 溶液中发生腐蚀的真实电路和拟合电路存在一定的相关关系。还可以看出，随着各缓蚀剂浓度的增加，其缓蚀效果越好。缓蚀机理如下：随着缓蚀剂浓度的增加，膜电阻 R_f 逐渐增大，表明缓蚀剂分子在 Q235 碳钢表面形成膜，阻碍了氯离子等腐蚀介质对碳钢的侵蚀。电荷转移电阻 R_{ct} 也随之增大，表明缓蚀剂的加入阻碍了电荷在电极之间的转移，从而大幅度降低了整个腐蚀反应的速率。但缓蚀剂浓度超过 8.0 g/L 时，膜电阻 R_f 降低，表明缓蚀剂分子在腐蚀溶液中已经达到饱和，可以在 Q235 碳钢表面形成稳定完整的保护膜，但缓蚀剂分子本身存在多个吸附位点，当浓度过高时，腐蚀溶液中的缓蚀剂分子可以与碳钢表面上所吸附的缓蚀剂分子相吸附，导致缓蚀剂分子从碳钢表面脱落，从而露出碳钢表面，进一步增大了腐蚀程度，电荷转移电阻达到一定浓度时，基本不发生变化。

表 6-6　Q235 碳钢在各缓蚀剂浓度为 8.0 g/L 时在 SCP 溶液中的拟合参数

缓蚀剂	C /(g/L)	R_s/(Ω·cm²)	$Y_{0.f}$/(10^{-5} S·S^n·cm^{-2})	N_f	R_f/(Ω·cm²)	$Y_{0.ct}$/(10^{-5} S·S^n·cm^{-2})	N_{ct}	R_{ct}/(Ω·cm²)	χ^2	$\eta/\%$
空白	0.0	10.42	254.6	0.46	872.7	281.9	0.69	1769	0.001	—
SMIM	8.0	13.17	10.59	0.769	4544	11	0.63	228.6	0.001	44.58
SMII	8.0	35.3	17.36	0.652	5390	5.045	0.7	705	0.002	56.74
SMID	8.0	27.16	5.234	0.728	4573	22.84	0.72	4453	0.002	70.71
SMIS	8.0	11.71	4.65	0.693	2167	1.52	0.78	7785	0.002	73.38
SMIF	8.0	7.977	6.584	0.76	20210	10.33	0.65	163.6	0.001	86.99

从 EIS 的电化学参数中可知，Q235 碳钢在腐蚀溶液体系当中，溶液电阻（R_s）波动幅度较小，均在 20 Ω·cm² 左右，相比膜电阻（R_f）和电荷转移电阻（R_{ct}）可以忽略不计，从 EIS 的电化学参数可知，主要是膜电阻（R_f）起到缓蚀作用，其阻抗值可以到达 15700 Ω·cm²，电荷转移电阻也发挥一定的作用。随着极化电阻的增大，n（弥散指数）值逐渐

减小，阻抗增大，n 值增大，n 值代表 Q235 碳钢表面的粗糙程度，n 值越小，说明缓蚀剂分子能在 Q235 钢吸附，使 Q235 钢表面趋于光滑，导致腐蚀介质难以与 Q235 碳钢接触，缓蚀剂分子在 Q235 碳钢表面形成化学保护膜，使阻抗值增大[69]。

图 6-21 和图 6-23 是 SMIM、SMII、SMID、SMIS、SMIF 缓蚀剂在不同浓度下的伯德图，图 6-22 和图 6-24 是 SMIM、SMII、SMID、SMIS、SMIF 缓蚀剂在浓度为 8.0 g/L 时的伯德图。

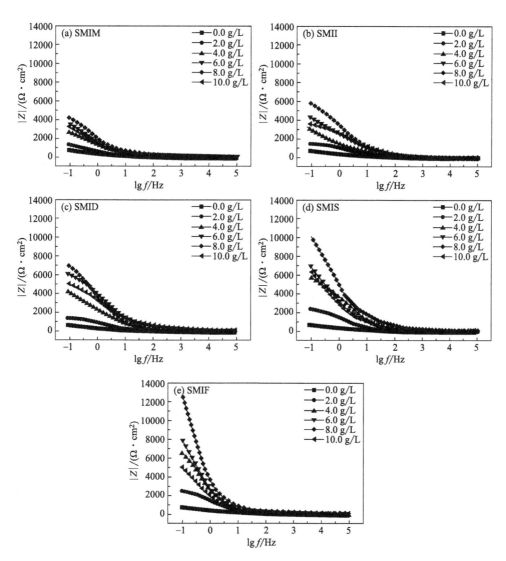

图 6-21 Q235 碳钢在含不同浓度、不同缓蚀剂的 SCP 溶液中的伯德图（1）

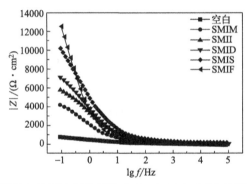

图 6-22 Q235 碳钢在各缓蚀剂浓度为 8.0 g/L 时在 SCP 溶液中的伯德图（1）

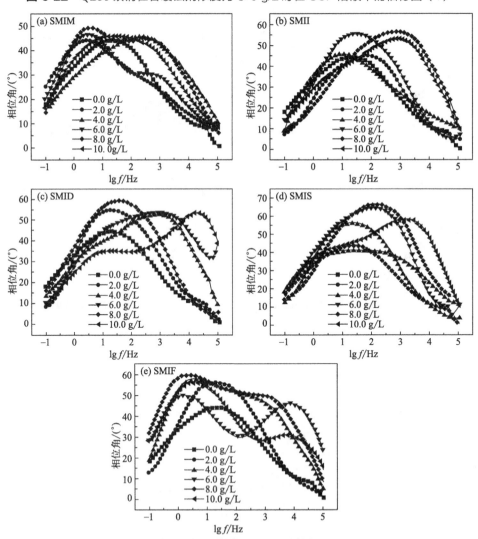

图 6-23 Q235 碳钢在含不同浓度、不同缓蚀剂的 SCP 溶液中的伯德图（2）

碳基缓蚀剂在金属腐蚀防护中的应用

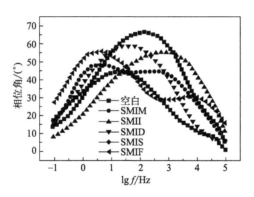

图 6-24 Q235 碳钢在各缓蚀剂浓度为 8.0 g/L 时
在 SCP 溶液中的伯德图（2）

由图 6-21 和图 6-22 可知，同种缓蚀剂中，随着缓蚀剂浓度的逐渐上升，交流阻抗值逐渐增大，当缓蚀剂浓度为 8.0 g/L 时，其阻抗值均达到最大，SMIM 的阻抗值约为 4000 Ω·cm²、SMII 的阻抗值约为 5800 Ω·cm²、SMID 的阻抗值约为 6500 Ω·cm²、SMIS 的阻抗值约为 10000 Ω·cm²、SMIF 的阻抗值约为 12000 Ω·cm²。当缓蚀剂浓度超过 8.0 g/L 时，其阻抗值大幅度下降，可能是在 SCP 溶液中，缓蚀剂分子在 Q235 碳钢表面发生竞争吸附，导致化学保护膜脱落，Q235 碳钢表面暴露在腐蚀介质中，导致腐蚀电压增大，腐蚀电流增大，阻抗值减小。

从图 6-23 中可以得出，添加不同浓度缓蚀剂相位角 φ 均增大，阻抗电容特性增加，其相位角 φ 均出现了极大值，可以说明缓蚀剂分子可以在碳钢表面发生吸附形成保护膜，从而有效防止腐蚀的进行。图 6-22 中碳钢的耐腐蚀性可由低频的阻抗模值 $|Z|$ 体现：阻抗模值 $|Z|$ 越大，缓蚀剂对 Q235 碳钢电极的缓蚀效果越好，碳钢的耐腐蚀性越高。从图 6-23 中可以看出，相位角 φ 均出现两个峰，说明其有两个反应时间常数[70]；如图 6-18 所示，奈奎斯特均表现出一个电容性回路，这与阻抗谱图基本一致，说明电极在 SCP 溶液中的反应机理并没有发生改变。

根据上述分析可知，SMIM、SMII、SMID、SMIS、SMIF 缓蚀剂都是在 Q235 碳钢表面形成化学吸附膜，阻碍腐蚀介质对铁的进一步腐蚀。根据拟合出来的电化学参数（主要是膜电阻 R_f）和伯德图可知，反应时间常数有两个，缓蚀剂在 Fe 基面起到缓蚀作用分为两步，即分别阻碍了电荷转移电阻和在 Q235 碳钢表面形成膜电阻[70]。

6.1.6 小结

合成了 SMIM、SMII、SMID、SMIS、SMIF 五种缓蚀剂。通过结构表征，利用电化学工作站和失重实验考察了缓蚀剂的分子结构和缓蚀性能，得出以下结论。

① 设计合成了 SMIM、SMII、SMID、SMIS、SMIF 缓蚀剂，通过红外光谱、拉曼光谱、元素分析、核磁共振等测试手段，证明了缓蚀剂已合成。

② 通过失重实验，证明了各缓蚀剂的缓蚀性能，即各缓蚀剂在浓度为 8.0 g/L 时，缓蚀效果均达到最佳，且缓蚀剂效率 SMIF（44.58%）＞SMIS（56.74%）＞SMID（70.71%）＞SMII（73.38%）＞SMIM（86.99%）。失重实验过后的 Q235 钢片，通过扫描电镜对其缓蚀效率进行进一步的证明。

③ 通过电化学工作站，开路电位（OCP）证明此类缓蚀剂属于阳极型缓蚀剂，且缓蚀剂能够在 Q235 碳钢表面发生吸附。交流阻抗谱（EIS）证明此类缓蚀剂主要是膜电阻（R_f）和电荷转移电阻（R_{ct}）发挥作用。伯德图证明了该体系含两个反应时间常数。动电位极化曲线（塔费尔曲线）也证明了该类缓蚀剂为阳极型缓蚀剂。开路电位（OCP）、交流阻抗谱（EIS）、动电位极化曲线（塔费尔曲线）的谱图基本一致，可以说明缓蚀剂在 SCP 溶液中发挥缓蚀作用的机理没有发生改变。

6.2 咪唑啉衍生物在混凝土中的性能

大量实验研究表明，咪唑啉衍生物具有较高的缓蚀性能。咪唑环上的氮元素含有孤对电子，有助于在 Q235 碳钢表面吸附，进而形成一种高效的化学保护膜，阻碍腐蚀介质对 Q235 碳钢表面的进一步腐蚀。

当全新的缓蚀剂加入混凝土中时，如果混凝土的力学性能改变，则此类缓蚀剂不能被广泛应用。混凝土的腐蚀有很多种，主要是氯离子引起的腐蚀，其腐蚀机理是氯离子通过混凝土孔隙达到 Q235 碳钢表面，破坏混凝土表面的保护膜，生成体积倍增的铁锈，导致混凝土胀裂，空气中的氧气和水分进一步加速 Q235 碳钢的腐蚀，最终导致混凝土的崩塌。

将咪唑啉衍生物加到混凝土实物当中。实验采用氯离子的渗透浓度、混凝土的吸水性和抗压强度来探究混凝土块的力学性能以及防腐性能。

6.2.1　混凝土试样制备

缓蚀剂的制备：通过 6.1.1 的实验方法合成 SMIM、SMII、SMID、SMIS、SMIF。

混凝土实验试块的制备：按照 JGJ 55—2011《普通混凝土配合比设计规程》，将 P·C42.5 海螺水泥、细河沙、石子（4～7 mm）按照一定的比例混合均匀；将不同浓度的 SMIM、SMII、SMID、SMIS、SMIF 缓蚀剂和水混合，添加到混合均匀的混凝土中，然后快速搅拌，使二者混合均匀。

装模：将搅拌均匀的混凝土添加到 100 mm×100 mm×100 mm 的模具中，然后用磨泥刀按压混凝土，使中间不再留有气孔；等待 5～6 min，将模具剧烈震动，震动时间为 5 min；震动过后，将混凝土模具放在阴凉处，养护布覆盖，每隔 2 h 喷少许水，达到养护的目的。

脱模：将养护过后的模具平放，用事先准备好的气筒快速吹气，将混凝土块从模具中退出。

养护：将脱模后的混凝土块放在阴凉处，用养护布覆盖在已制备好的混凝土块上，养护 28 d，每天定时养护。

模拟海水环境：将海盐溶解在大型凹槽中，仿真模拟真实的海洋环境，然后将养护好的混凝土块放入凹槽中；混凝土块分为 5 批次，分别浸泡 1 个月、3 个月、6 个月、9 个月、12 个月，在不同时间内取出，分别测试混凝土的吸水性、混凝土的氯离子渗透浓度、混凝土的抗压强度[71]。

6.2.2　性能测试方法

6.2.2.1　混凝土的吸水性

混凝土孔隙率的大小直接关乎 Q235 碳钢腐蚀的快慢。一般情况下，混凝土包裹的 Q235 碳钢处于高碱的环境中，其表面可以形成一层致密的保护膜；随着氯离子等腐蚀介质不断地进入混凝土中，腐蚀介质最终吸附在 Q235 碳钢表面，导致钝化膜失效，不能有效地保护 Q235 碳钢的基体。此时，氯离子会进一步腐蚀钢基体，导致腐蚀体积增大，致使混凝土出现裂缝，氧气、水分会进一步增强 Q235 碳钢的腐蚀，最终导致混凝土的崩塌，造成人力、物力的损失。所以要通过混凝土的吸水率来确定孔隙率，如果孔隙率较小，就可以阻止氯离子的渗透，从而延长 Q235 碳钢的使用寿命。

实验方法：将浸泡在模拟海水环境中的混凝土块按时间梯度取出，擦拭干净表面的浮尘，在阳光下晾干，直到混凝土块质量不再发生变化，在电子秤上精确称量，并记录下质量为 m_0；然后将称量好的混凝土块放入盛满清水的凹槽中，使混凝土块充分吸水一段时间，将混凝土块取出，用吸水布快速擦干表面流淌的水分，放在电子秤上，再次称量并记录下质量为 m_1；前后质量相减，$m_水 = m_1 - m_0$。吸水越多，表明混凝土块中的孔隙越多；吸水越少，表明混凝土块的孔隙越少。

6.2.2.2 混凝土的抗压强度

混凝土的抗压强度是混凝土力学的硬性指标。在添加任何缓蚀剂的情况下，必须保证混凝土的力学性能不被降低，否则此类缓蚀剂不能被应用。大型建筑设施的崩塌，一般就是因为混凝土的抗压强度不能承受其原先所能承受的工况条件。

用混凝土回弹法测试混凝土的抗压强度，简单、快速、费用低廉，不会破坏混凝土原来的模样，但是测量精度不够精准。混凝土回弹仪测试的抗压强度和真实的强度存在一定关系、故可以使用混凝土回弹仪测量混凝土的抗压强度，来证明添加缓蚀剂后对混凝土的力学性能没有影响。

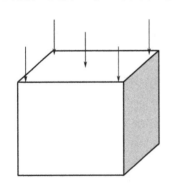

图 6-25 混凝土的力学性能测试

将浸泡在模拟海水环境中混凝土块按时间梯度取出，在阳光下晾干，然后取出混凝土用回弹仪测试各混凝土块的抗压强度，每个混凝土块上取 16 个点，重点是混凝土的四周和中心部分，如图 6-25 所示。测试过程中应严格按照 JGJ/T 23—2011（备案号 J 115—2011）《回弹法检测混凝土抗压强度技术规程》的标准严格执行，应保持混凝土表面均一、无麻面，根据混凝土回弹仪的测试值，求其平均值。

6.2.2.3 氯离子的渗透浓度

在海洋环境下，氯离子是造成 Q235 碳钢腐蚀的重要原因之一，氯离子随着混凝土的孔隙进入混凝土结构当中，并吸附在 Q235 碳钢周围，破坏 Q235 碳钢表面的钝化膜，最后造成混凝土的崩塌。

将混凝土块周围的 5 个面用环氧树脂 AB 胶密封，风干以后，浸泡在模拟海水环境中，不同缓蚀剂不同浓度下，每组两个平行样，以保证数据的准确性。将浸泡在模拟海水环境中的混凝土块按时间梯度取出，在阳光下晾干，使用冲击钻头钻取 Q235 碳钢粉末，每间隔 2 cm 为一个梯度，如图 6-26 所示。取粉过程中应保证取出的粉量一定，在混凝土的同一部位钻取，不能有过多的偏差。取出的混凝土粉末装入一次性口袋中，以备用[72]。

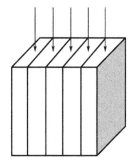

图 6-26 测试氯离子的渗透浓度

钻取出来的混凝土粉末置于 500 mL 的烧杯中，加入一定量的去离子水，浸泡、震荡、过滤、取样，然后用离子色谱法进行测量，制备好的氯离子溶液作为标准溶液。分批次进行测样，记录出不同混凝土粉末中所含的氯离子浓度。

6.2.3 混凝土的吸水性分析

混凝土的吸水性是测试混凝土孔隙率的重要指标，孔隙率的大小直接关系着 Q235 碳钢腐蚀速度的快慢。图 6-27 是混凝土块在不同浓度 SMIM、SMII、SMID、SMIS、SMIF 缓蚀剂下的吸水量折线图。

根据图 6-27 可知，随着缓蚀剂浓度的增加，其吸水量逐渐降低，说明孔隙率逐渐减小；当浓度为 8.0 g/L 时，其吸水量达到最低，说明混凝土块状中的孔隙率达到最小；当浓度超过 8.0 g/L 时，吸水量上升，孔隙率增大，导致孔隙率变化的主要原因可能是缓蚀剂在与水混合时，有机溶液量过多，在混凝土固化的过程中，多余的有机溶液从混凝土块中渗出，导致孔隙率增加。在海洋环境下，孔隙率越小，可以有效阻止混凝土氯离子的渗透，从而有效地保护 Q235 碳钢在混凝土环境中形成的钝化膜。混凝土块在各缓蚀剂中的吸水量为 $W_{8.0\,g/L} < W_{6.0\,g/L} < W_{10.0\,g/L} < W_{4.0\,g/L} < W_{0.0\,g/L}$。

通过图 6-27 可知，SMIM、SMII、SMID、SMIS、SMIF 缓蚀剂在混凝土实物中浓度达到 8.0 g/L 时，混凝土的吸水量达到最低。为探究混凝土在相同浓度、不同种类缓蚀剂中的吸水量，图 6-28 显示了各缓蚀剂在 8.0 g/L 时混凝土的吸水量。

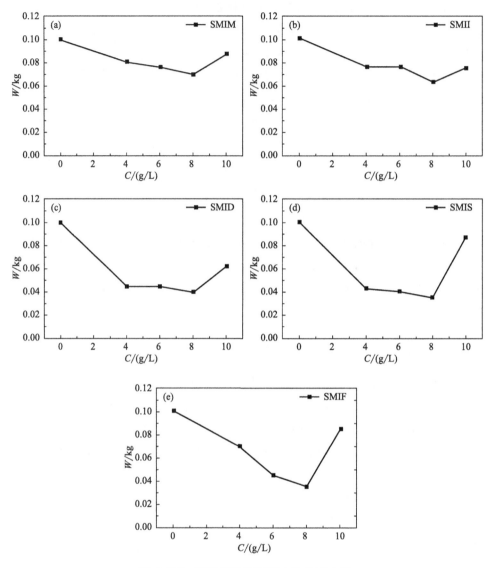

图 6-27 不同条件下混凝土块的吸水量

由图 6-28 可知，各缓蚀剂在 8.0 g/L 时，在 SMIF 缓蚀剂中的混凝土块的吸水量是最低的，说明 SMIF 的缓蚀效果最佳。

6.2.4 混凝土的抗压强度分析

混凝土的抗压强度是测试混凝土力学性能的重要指标，添加任何缓蚀剂情况下，必须保证混凝土的力学性能不被降低，否则此种添加剂不能被

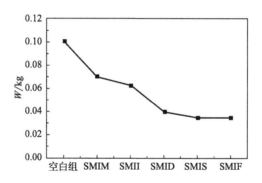

图 6-28 不同缓蚀剂在 8.0 g/L 时混凝土的吸水量

使用。实验设计的 SMIM、SMII、SMID、SMIS、SMIF 都可以加强混凝土的力学性能（与空白的混凝土块相比较），说明此类缓蚀剂可以被广泛使用。

图 6-29 是混凝土分别在不同浓度 SMIM、SMII、SMID、SMIS、SMIF 缓蚀剂下没有经过海水浸泡的抗压强度的折线图。

图 6-30 是混凝土分别在不同浓度 SMIM、SMII、SMID、SMIS、SMIF 缓蚀剂下经过 1 个月海水浸泡的抗压强度的折线图。

图 6-31 是混凝土分别在不同浓度 SMIM、SMII、SMID、SMIS、SMIF 缓蚀剂下经过 3 个月海水浸泡的抗压强度的折线图。

图 6-32 是混凝土分别在不同浓度 SMIM、SMII、SMID、SMIS、SMIF 缓蚀剂下经过 6 个月海水浸泡的抗压强度的折线图。

图 6-33 是混凝土分别在不同浓度 SMIM、SMII、SMID、SMIS、SMIF 缓蚀剂下经过 9 个月海水浸泡的抗压强度的折线图。

图 6-34 是混凝土分别在不同浓度 SMIM、SMII、SMID、SMIS、SMIF 缓蚀剂下经过 12 个月海水浸泡的抗压强度的折线图。

根据图 6-29～图 6-34 可知，随着时间的推移，上述混凝土的抗压强度基本没有发生较大的变化。只是随着缓蚀剂浓度的变化，抗压强度发生相应的变化，在缓蚀剂浓度为 8.0 g/L 时，混凝土具有较强的力学性能。但是随着缓蚀剂浓度的进一步增大，混凝土的力学性能会出现一个拐点，拐点之后抗压强度下降，可能是由于缓蚀剂分子太多，改变了混凝土之间连接的纽带。

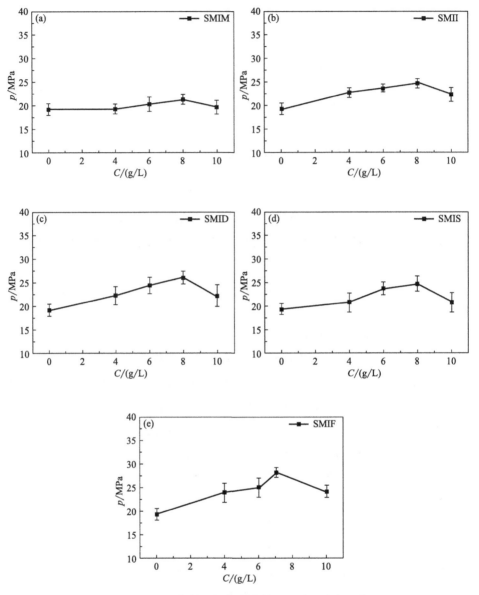

图 6-29 不同条件下混凝土的抗压强度（未经浸泡）

6.2.5 氯离子的渗透浓度分析

造成混凝土腐蚀的重要原因之一是氯离子通过孔隙进入混凝土内部，并吸附聚集在碳钢表面，破坏钢筋在混凝土环境下在其表面形成的钝化

　　碳基缓蚀剂在金属腐蚀防护中的应用

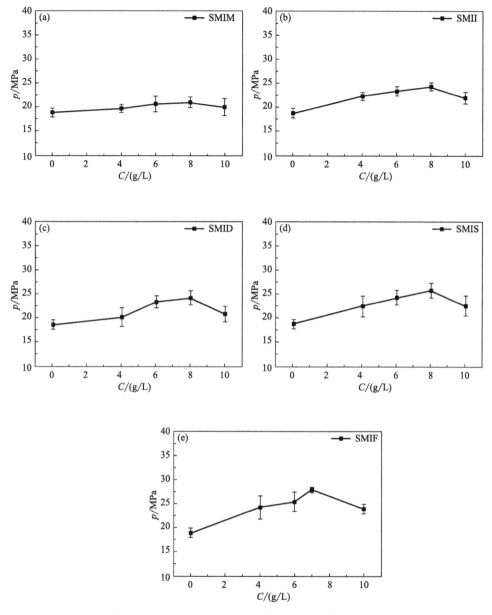

图 6-30 不同条件下混凝土的抗压强度（1个月）

膜，并造成 Q235 碳钢的腐蚀，随着时间的推移，硫酸盐类、氧气等进入混凝土内部，进一步发生腐蚀。

实验时，按照混凝土材料相关国家标准制备混凝土试件，在标准条件

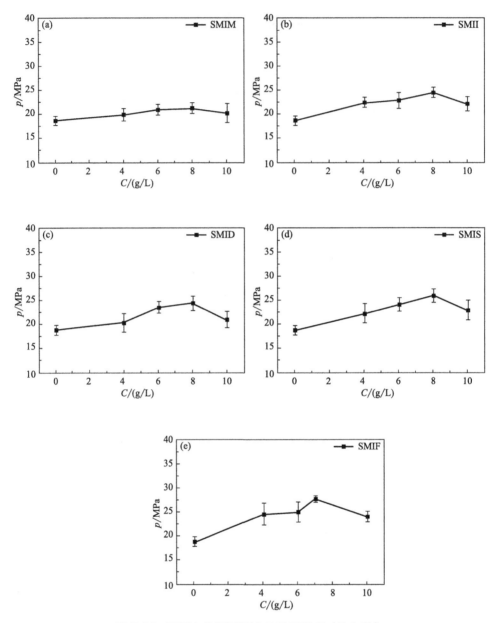

图 6-31 不同条件下混凝土的抗压强度（3 个月）

下养护 28 d 后，在饱和 NaCl 溶液中继续进行养护。养护到一定龄期后，参照 GB/T 50344—2019《建筑结构检测技术标准》进行操作，对试块在不同深度处进行钻芯取样，利用离子色谱测试混凝土中的氯离子含量。在

碳基缓蚀剂在金属腐蚀防护中的应用

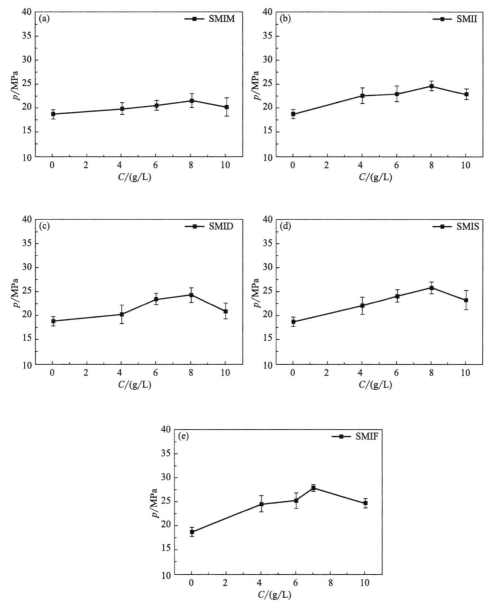

图 6-32 不同条件下混凝土的抗压强度（6 个月）

海水模拟液中浸泡不同时间后，将混凝土表面取粉，用去离子水浸泡。然后用离子色谱仪进行测量，氯离子的线性方程如图 6-35 所示。

按 1 个月、3 个月、6 个月、9 个月、12 个月的时间梯度，将浸泡在

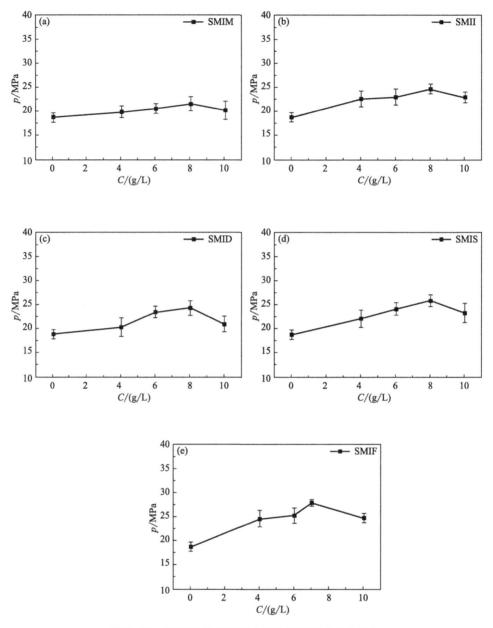

图 6-33 不同条件下混凝土的抗压强度（9个月）

　　含不同浓度、不同缓蚀剂的模拟海水液中的混凝土块取出，用自来水冲洗混凝土表面的污垢，再用电钻钻取表面的粉末，去离子水浸泡后通过离子色谱仪进行检测，氯离子浓度均未检出。

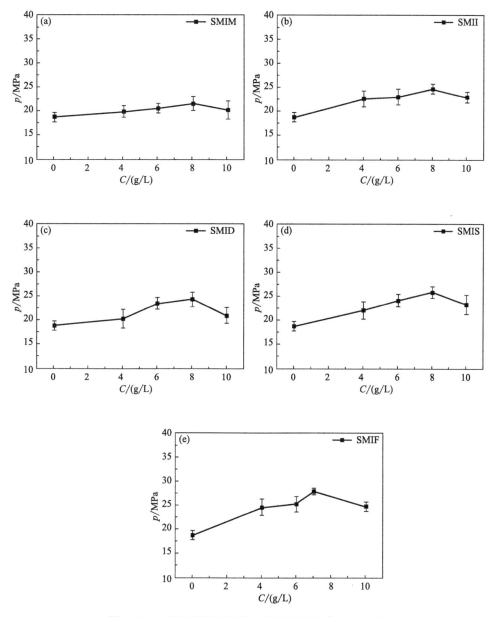

图 6-34 不同条件下混凝土的抗压强度（12 个月）

图 6-36 为在含不同浓度、不同缓蚀剂的海水中浸泡后混凝土块的照片，从图中可以看出，咪唑啉缓蚀剂可以有效地防止混凝土在海水中的腐蚀。

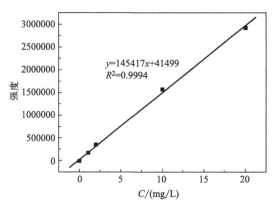

图 6-35 线性回归方程

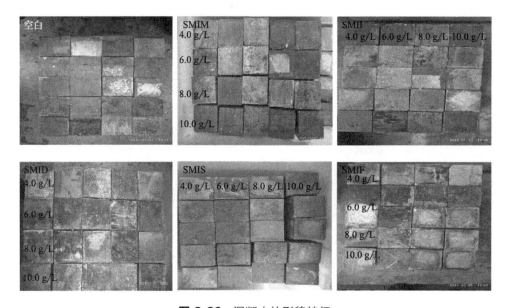

图 6-36 混凝土的形貌特征

6.2.6 小结

将不同缓蚀剂按照浓度为 4.0 g/L、6.0 g/L、8.0 g/L、10.0 g/L 加入混凝土块体中，脱模养护后的混凝土块，分别测量其吸水性、力学性能、氯离子渗透浓度，经过分析讨论，总结出以下结论。

① 将缓蚀剂添加到混凝土块中后，随着缓蚀剂浓度的增加，其抗压强度有所提升，但浓度高于 8.0 g/L 时，抗压强度有所下降，可能是缓蚀

剂分子过多，导致混凝土与缓蚀剂之间的黏性降低。

② 将缓蚀剂加入混凝土中，混凝土块的吸水量下降，说明混凝土块的孔隙率降低，进而降低了氯离子等腐蚀介质对混凝土中钢筋的腐蚀。缓蚀剂的加入可以改变混凝土的密实性，其混凝土的孔隙率与缓蚀剂浓度有一定的相关关系。

③ 将混凝土块浸泡在含缓蚀剂的模拟海水中，浸泡不同时间长度后，取混凝土不同深度的粉末用去离子水浸泡，然后用离子色谱测定氯离子的浓度，结果都是未检出。

6.3 咪唑啉衍生物在 Fe 基面的吸附理论研究

随着科学技术的迅速发展，计算机模拟变得尤为重要，当前，在腐蚀与防腐领域中应用最多的就是 Materials Studio（MS）中的第一性原理计算、分子动力学模拟、蒙特卡罗等计算方法，这些方法从分子尺度揭示了缓蚀剂的缓蚀机理。

为了了解具有优良缓蚀效果的咪唑啉衍生物对金属的缓蚀机理，分别对其采用吸附等温模型、傅里叶变换红外光谱仪、SEM-EDS 以及 Materials Studio（MS）中的结构优化、分子动力学模拟进行分析。

6.3.1 试样的制备及分析

6.3.1.1 试样的制备

试剂有壬基酚聚氧乙烯醚（OP-10）、菜籽油（RSO）、实验室自制去离子水。

SMIM、SMII、SMID、SMIS、SMIF 缓蚀剂的制备过程与 6.1.1 试验方法相同。

6.3.1.2 失重实验

实验过程与 6.1.3 相同。取出失重过后的 Q235 试样，用无水乙醇冲洗干净，烘干并保存在真空箱中。

6.3.1.3 SEM＋EDS

为了进一步揭示不同缓蚀剂在 Q235 碳钢表面的吸附情况，在腐蚀过后的 Q235 钢表面进行 SEM＋EDS 分析。选择耐腐蚀性最佳的 Q235 钢进一步做 EDS 能谱分析。

6.3.1.4　吸附等温模型

相关研究表明，吸附等温模型可以有效地判断缓蚀剂在铁基表面的吸附情况。缓蚀剂在金属表面的缓蚀原理：缓蚀剂有效地吸附在金属表面，并把腐蚀介质与金属基体相隔离，从而达到缓蚀效果。为探究 SMIM、SMII、SMID、SMIS、SMIF 分子在 Q235 钢表面的吸附情况，利用失重实验的缓蚀效率及其浓度，应用了几种不同的吸附等温方程式，如朗缪尔、特姆金、弗鲁姆金等，来评价其缓蚀性能。通过不同的等温方程式的拟合，最终发现如朗缪尔吸附等温模型最符合其吸附特性。如朗缪尔吸附中表面覆盖度用失重实验中的缓蚀效率表示（$\eta=\theta$），如朗缪尔吸附等温式见式(2-9)。

6.3.1.5　傅里叶变换红外光谱仪（IR）

为了揭示缓蚀剂在 Q235 碳钢表面的吸附情况，采用 Spectrum One 型红外光谱仪对 Q235 碳钢表面的吸附产物进行分析，将 SMIM、SMII、SMID、SMIS、SMIF 在 Q235 碳钢表面的红外光谱与缓蚀剂的红外光谱图进行比较。

6.3.1.6　量子化学分析

基于密度泛函理论，前线分子轨道分布利用 Materials Studio 7.0 软件包中的 DMol3 模块进行计算。使用广义梯度近似（GGA）下 PW91 函数，在 DNP 基组水平上对 SMIM、SMII、SMID、SMIS、SMIF 分子进行几何优化运算，使其结构具有最低能量。另外，以相同基组水平模拟了 SMIF 分子的前线轨道分布，用以阐述其缓蚀性能与分子结构的内在关系。分子动力学模拟通过 Materials Studio 中的 Forcite 模块完成。模拟过程如下：优化并切割 Fe(110)，然后建立一个 Fe(110)(001)(111)为 $10 \times 10 \times 6$ 的超晶胞，然后使用 Adsorption Locator 模块构建分别包含 1 个 SMIM、SMII、SMID、SMIS、SMIF 缓蚀剂分子，真空层厚度为 30 Å，先对整个体系结构进行优化，然后采用系综（NVT），模拟时间步长为 1 fs，时间总长为 500 ps，温度控制在 298 K，采用 COMPASS 力场，固定所有 Fe 原子进行动力学模拟[73]。

6.3.2　SEM 和 EDS 能谱分析

为确定缓蚀剂分子能否吸附在碳钢表面，将失重过后的 Q235 碳钢表面用无水乙醇擦拭干净进行能谱分析，图 6-37～图 6-41 分别是 SMIM、

SMII、SMID、SMIS、SMIF 缓蚀剂分子在碳钢表面的 EDS 能谱图。

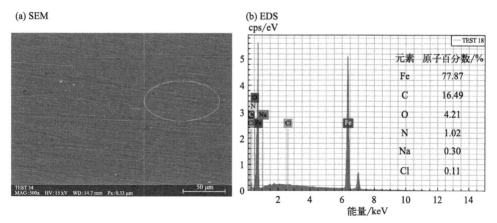

图 6-37 Q235 碳钢在 SMIM 溶液中腐蚀过后的 SEM 和 EDS 图

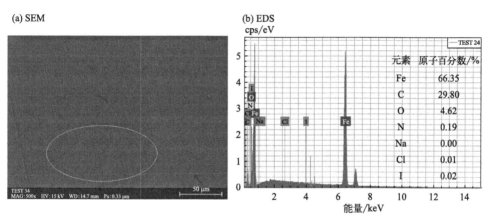

图 6-38 Q235 碳钢在 SMII 溶液中腐蚀过后的 SEM 和 EDS 图

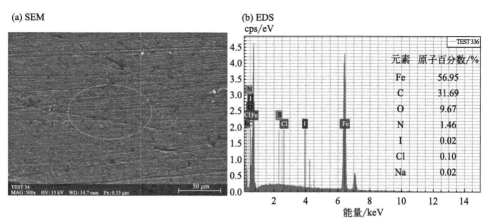

图 6-39 Q235 碳钢在 SMID 溶液中腐蚀过后的 SEM 和 EDS 图

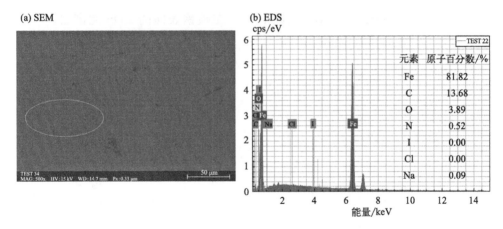

图 6-40 Q235 碳钢在 SMIS 溶液中腐蚀过后的 SEM 和 EDS 图

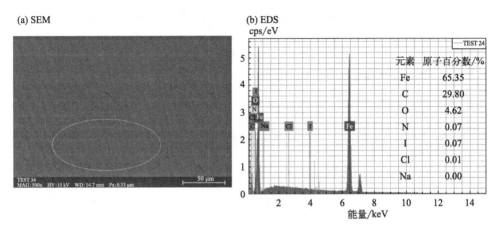

图 6-41 Q235 碳钢在 SMIF 溶液中腐蚀过后的 SEM 和 EDS 图

　　由于缓蚀剂属于季铵盐，无水乙醇擦拭过后的碘离子很难在碳钢表面附着，所以除了碘离子，缓蚀剂分子中所包含的元素都分布在 Q235 碳钢表面。被缓蚀剂覆盖的 Q235 碳钢表面均匀平整，且没有明显的腐蚀现象；Q235 碳钢发生腐蚀的部位表面粗糙且高低不平，并有沟壑形成，腐蚀过后的产物基本都是 O 元素，从 EDS 中很难检测到缓蚀剂分子中所含元素的分布。这表明 SMIM、SMII、SMID、SMIS、SMIF 分子可能与Q235 碳钢表面发生吸附，并在碳钢表面形成保护膜，阻碍腐蚀介质对Q235 碳钢的进一步腐蚀，缓蚀剂分子没有覆盖的表面，腐蚀介质对碳钢的侵蚀较大[74]。

6.3.3 吸附等温模型

通过失重实验对各缓蚀剂的浓度与缓蚀效率进行了朗缪尔吸附等温方程的模拟，如图 6-42 所示。

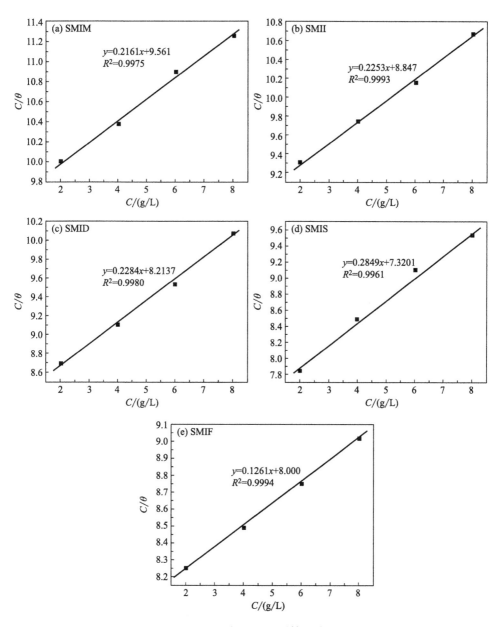

图 6-42 朗缪尔吸附等温线

朗缪尔吸附等温线的相关系数 R^2 值均大于 0.995，且非常接近 1，因此可以近似认为在此实验条件下，各缓蚀剂在 Q235 碳钢表面的吸附遵循朗缪尔吸附等温模型。

根据拟合方程求得吸附-解吸平衡常数 K_{ads} 的值，吉布斯自由能 ΔG_m 可根据 K_{ads} 与 ΔG_m 的关系式（6-2）求得：

$$K_{ads} = \frac{1}{55.5}\exp\left(\frac{-\Delta G_m}{RT}\right) \qquad (6-2)$$

式中，T 为绝对温度，K；R 为摩尔气体常数。

通过式（6-2）求得的 SMIM 的 ΔG_m 为 -10.11 kJ/mol、SMII 的 ΔG_m 为 -10.98 kJ/mol、SMID 的 ΔG_m 为 -11.44 kJ/mol、SMIS 的 ΔG_m 为 -11.78 kJ/mol、SMIF 的 ΔG_m 为 -12.17 kJ/mol，表明上述缓蚀剂在碳钢表面的吸附是自发进行的。一般认为：当 $|\Delta G_m| \geqslant 40$ kJ/mol 时，缓蚀剂的吸附过程中伴随着电荷转移或孤对电子共享形成化学键等行为，属于化学吸附[75]；当 $|\Delta G_m| \leqslant 20$ kJ/mol 时，缓蚀剂的吸附主要依靠与金属之间的静电引力，属于物理吸附；当 20 kJ/mol$< |\Delta G_m| <$40 kJ/mol 时，吸附行为包含化学吸附与物理吸附。计算得到 ΔG_m 在 $-20 \sim -40$ kJ/mol 之间，表明在室温条件下缓蚀剂在碳钢表面的吸附属于以物理吸附为主的混合吸附。

6.3.4 红外光谱分析

为了进一步确定缓蚀剂能否吸附在 Q235 碳钢表面，采用红外光谱对失重过后的 Q235 碳钢表面进行分析，并与纯的缓蚀剂的红外光谱进行对照，如图 6-43 所示。

如图 6-43 所示，Q235 碳钢表面所吸附的缓蚀剂与纯的缓蚀剂都有相对应的峰，在 3000 cm^{-1} 左右和 1500 cm^{-1} 左右都有较强的吸收峰。所以可以进一步证明，缓蚀剂确实可以在 Q235 碳钢表面发生一定量的吸附，形成一层保护膜，阻碍氯离子等腐蚀介质对碳钢表面的进一步侵蚀，与之前的 EDS 能谱分析一致。

6.3.5 量子化学的计算结果

量子化学计算可用于分析缓蚀剂结构与缓蚀性能之间的内在联系，对缓蚀剂机理分析具有较大意义。根据量子化学的前线轨道理论，E_{HOMO} 与

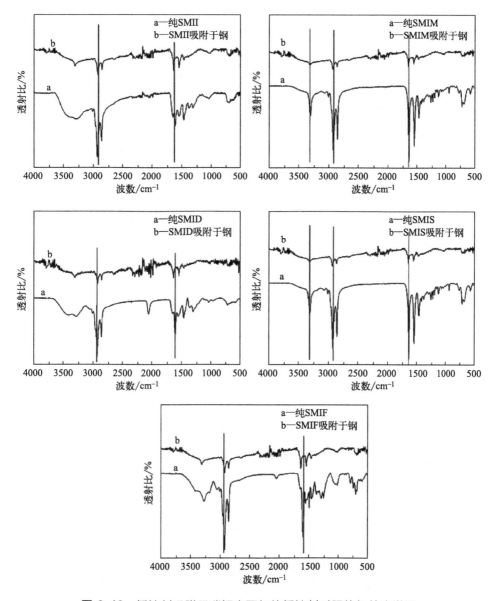

图 6-43 缓蚀剂吸附于碳钢表面与纯缓蚀剂对照的红外光谱图

分子供电子能力有关，其值越大，表明越可能提供电子给低能级或空轨道的电子受体。E_{LUMO} 表明分子接受电子的能力，其值越小，分子越容易接受电子。二者的轨道能之差 ΔE 是非常重要的指标，其值越小，活性越强，越容易发生相互作用。缓蚀剂分子在混凝土模拟液中会发生一定的质子化，为探究其真实情况，图 6-44～图 6-48 为各缓蚀剂分子质子化的结构优化及其前线轨道密度分布图，图中从左至右依次为几何优化结构、HOMO、LUMO、ESP。相对应的量子化学参数见表 6-7。

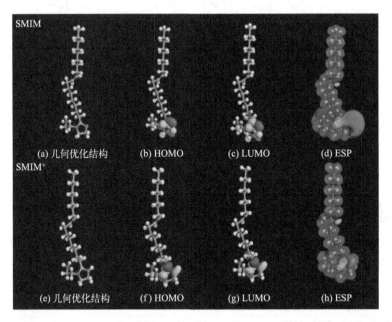

图 **6-44** SMIM 分子质子化的结构优化及其前线轨道密度分布图

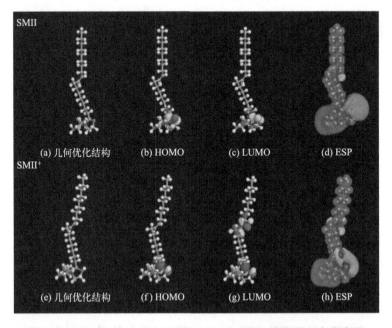

图 **6-45** SMII 分子质子化的结构优化及其前线轨道密度分布图

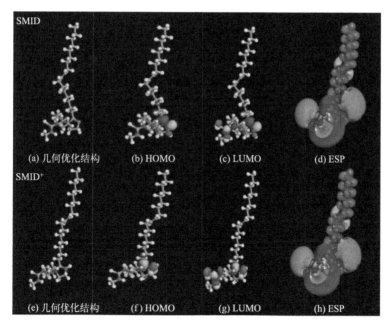

图 6-46 SMID 分子质子化的结构优化及其前线轨道密度分布图

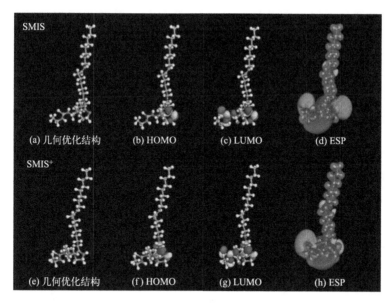

图 6-47 SMIS 分子质子化的结构优化及其前线轨道密度分布图

由图 6-44~图 6-48 可知，优化过后的 SMIM 和 SMII 缓蚀剂分子得电子的活性区域主要分布在咪唑环上，得电子区域也主要分布在咪唑环上，碳钢上的吸附位点主要分布在咪唑环上。根据 SMID、SMIS、SMIF 缓蚀

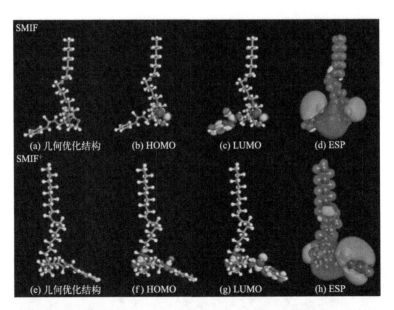

图 6-48　SMIF 分子质子化的结构优化及其前线轨道密度分布图

剂分子的优化结构示意图可知，供电子区域主要在碳硫双键上，SMIF 和
SMIS 缓蚀剂分子也可在苯环上和碳碳双键上，得电子区主要还是分布在
咪唑环上[76]。

表 6-7　量子化学参数

缓蚀剂类型	E_{HOMO}/eV	E_{LUMO}/eV	ΔE/eV
SMIM	−3.850	−0.592	3.2580
SMIM$^+$	−1.362	−0.166	1.1960
SMII	−1.709	−0.161	1.5480
SMII$^+$	−1.144	−0.220	0.9240
SMID	−1.817	−0.773	1.0440
SMID$^+$	−1.620	−0.602	1.0180
SMIS	−1.678	−0.863	0.8150
SMIS$^+$	−1.401	−0.460	0.9410
SMIF	−1.817	−1.188	0.6290
SMIF$^+$	−2.186	−0.213	0.0560

　　根据表 6-7 可知，各缓蚀剂分子和质子化的缓蚀剂分子相比，质子化
的缓蚀剂分子能隙 ΔE 比中性分子的能隙小，说明缓蚀剂分子在混凝土的
真实情况下具有更强的吸附能力。上述缓蚀剂分子中，SMIF 和质子化的

SMIF 的 ΔE 均最小，说明 SMIF 缓蚀剂分子的活性最强，能与铁发生较强的吸附。上述结果表明该类缓蚀剂分子结构中含有多个能与 Fe 的空 d 轨道相互作用的活性位点，从而使缓蚀剂在金属表面更有效地吸附，与上述失重实验和电化学实验的结果一致。

6.3.6　分子动力学分析

对 SMIM、SMII、SMID、SMIS、SMIF 缓蚀剂分子的结构进行分子动力学模拟，为了更加接近实验的真实情况，模拟是在 Fe(110)(111)(001) 表面上进行的，缓蚀剂分子在 Fe(110)(111)(001) 表面吸附行为的模拟结果如图 6-49～图 6-53 所示。

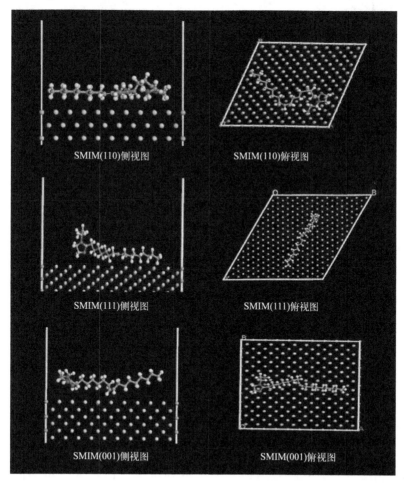

图 6-49　SMIM 在 Fe（110）（111）（001）上动力学模拟吸附的最低能量构型

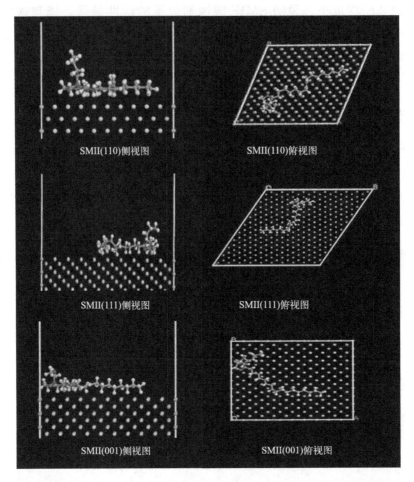

SMII(110)侧视图   SMII(110)俯视图

SMII(111)侧视图   SMII(111)俯视图

SMII(001)侧视图   SMII(001)俯视图

图 6-50 SMII 在 Fe（110）（111）（001）上动力学模拟吸附的最低能量构型

从图 6-49～图 6-53 中可以看出，缓蚀剂分子中的咪唑环优先吸附在 Fe 表面，有效增加了金属表面的覆盖度，从而提高了缓蚀剂的缓蚀效率。同时可以看出，SMID、SMIS、SMIF 缓蚀剂分子中都含有碳硫双键，硫原子上的孤对电子可以与 Fe 的 3d 轨道相结合，进一步增强缓蚀剂分子在碳钢表面的吸附能力。SMIF 缓蚀剂分子的覆盖度大于 SMID 和 SMIS，其苯环可以吸附在碳钢表面，增强缓蚀剂分子的表面吸附能力。SMIS 缓蚀剂分子的缓蚀能力远远高于 SMID，可能是由于 SMIS 缓蚀剂分子含有 C=C 官能团，其电子云也可与铁的 3d 轨道相吸附。上述有效的官能团可以与 Fe 相结合，有效阻碍腐蚀介质扩散到试样表面，进一步提高缓蚀剂的缓蚀效率[77]。

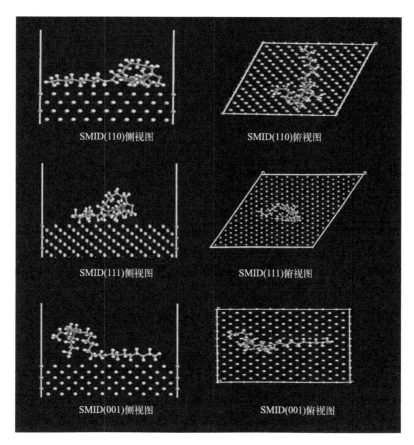

SMID(110)侧视图   SMID(110)俯视图

SMID(111)侧视图   SMID(111)俯视图

SMID(001)侧视图   SMID(001)俯视图

图 6-51 SMID 在 Fe（110）（111）（001）上动力学模拟吸附的最低能量构型

　　根据分子动力学模拟，缓蚀剂分子与 Fe(110)(111)(001) 的吸附能力是判断缓蚀剂是否具有良好吸附能力的重要参数。缓蚀剂分子与 Fe(110)(111)(001) 的吸附能力一般是由缓蚀剂分子能否在 Fe 基面上稳定存在决定的，而 Fe(110) 是上述 Fe 基面中最稳定的，Fe(111) 和 Fe(001) 面相对不稳定，从而很难估计缓蚀剂分子与铁的吸附能。缓蚀剂分子与 Fe(110) 的吸附能由式(6-3) 得出，吸附能的值越负，体系越稳定，说明缓蚀剂分子在铁基面上能够稳定存在，缓蚀剂的缓蚀性能也就越好。

$$E_{吸附} = E_{总} - (E_{表面} + E_{缓蚀剂})$$ (6-3)

　　根据分子动力学模拟所获得的吸附能均为负值，表明缓蚀剂分子在 Q235 碳钢表面的吸附行为属于自发过程。缓蚀剂分子能够较好地吸附在

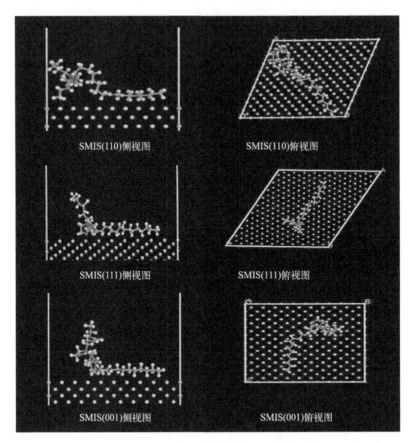

图 6-52 SMIS 在 Fe（110）（111）（001）上动力学模拟吸附的最低能量构型

铁表面，且其吸附能 SMIM（−82.489 kcal/mol）＜SMII（−142.202 kcal/mol）＜SMID（−156.356 kcal/mol）＜SMIS（−182.202 kcal/mol）＜SMIF（−242.202 kcal/mol）。其吸附能越负，则可证明缓蚀剂与铁基面吸附得越稳定，该结果与失重实验和电化学实验得出的结论相一致。因此可通过改性咪唑啉衍生物来增大咪唑啉衍生物的缓蚀性能。

6.3.7 小结

采用 SEM+EDS、吸附等温模型、红外光谱分析和量子化学计算（分子结构优化和分子动力学模拟）方法，得出以下结论。

① 通过 SEM+EDS 分析，证明缓蚀剂可以均匀地分布在 Q235 碳钢表面，使碳钢表面均匀平整，且没有明显的腐蚀现象。

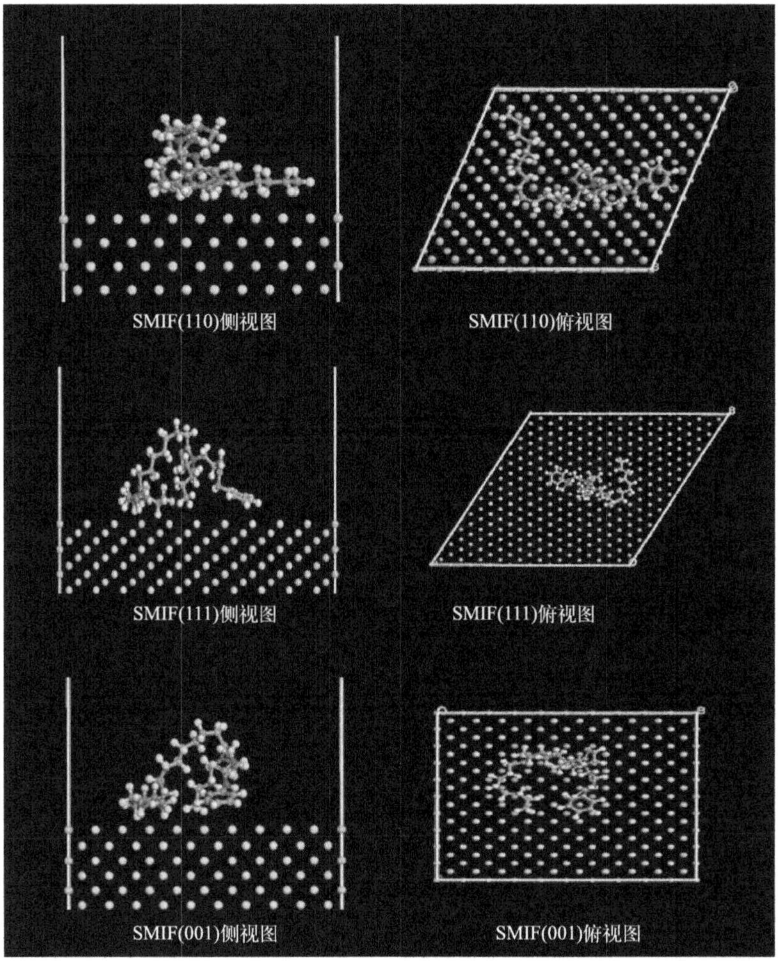

图 6-53 SMIF 在 Fe（110）（111）（001）上动力学模拟吸附的最低能量构型

② 采用吸附等温模型，最终证明缓蚀剂分子是以朗缪尔的形式吸附在 Q235 碳钢表面，且其吸附属于物理吸附。

③ 应用红外光谱技术，证明了 Q235 碳钢在进行失重实验以后，缓蚀剂分子能够在碳钢表面发生吸附形成稳定的保护膜，阻碍氯离子等腐蚀介质对碳钢的进一步腐蚀。

④ 通过 MS 计算软件，证明了 SMIM 和 SMII 缓蚀剂分子在 Fe 基面发生吸附的位点主要在咪唑环上，SMID、SMIS 和 SMIF 缓蚀剂分子的吸附位点主要在咪唑环、碳硫双键上。

⑤ SMIF 具有优良的缓蚀性能，主要是因为 SMIF 缓蚀剂分子上的苯

环（含有大 π 键）能够稳定地吸附在 Fe 表面，加上缓蚀剂分子中的咪唑环、碳硫双键，进一步增大了其与铁基面的吸附能力，有效地阻碍了腐蚀介质对 Fe 基的影响。

参考文献

○

[1]　邵金保，骆雪，付宇佳，等．功能性石墨烯/纳米纤维素复合材料研究进展［J］．材料科学与工程学报，2024，42（03）：504-511，532.

[2]　茹艺，卢思宇．碳化聚合物点：一种新型的单颗粒有机无机杂化体系［J］．高分子学报，2022，53（07）：812-827.

[3]　宋波，张磊，王晓波，等．面向航空航天的增材制造超材料的研究现状及发展趋势［J］．航空制造技术，2022，65（14）：22-33.

[4]　郑航兵，闫梦阳，安蓉，等．纳米非晶及其在生物医学中的应用［J］．稀有金属，2023，47（06）：854-872.

[5]　黄博鑫．浅析金属材料磨损失效及防护措施［J］．世界有色金属，2023，（21）：205-207.

[6]　王正泉，李言涛，徐玮辰，等．全球腐蚀与防护领域研究现状与发展趋势分析：基于文献计量学和信息可视化分析［J］．中国腐蚀与防护学报，2019，39（03）：201-214.

[7]　李燕萍．高分子化工材料在化工防腐中的应用［J］．现代盐化工，2023，50（06）：86-87.

[8]　秦鸿根．土木工程材料［M］．南京：东南大学出版社，2021.

[9]　https：//www. guanhai. com. cn/p/285586. html.

[10]　杨建军，刘瑞峰，张伟东，等．失效分析与案例［M］．北京：机械工业出版社，2018.

[11]　王云龙．高强度铁素体耐候钢酸性苛刻环境腐蚀行为及机理研究［D］．北京：北京科技大学，2023.

[12]　刘孟磊．高腐蚀环境下输变电设施的金属腐蚀机理研究［D］．贵州：贵州大学，2022.

[13]　胡长明，陈旭，王伟，等．电子设备防腐蚀设计［M］．北京：电子工业出版社，2021.

[14]　李友炽．典型金属材料实海污损生物附着行为及腐蚀机理研究［D］．湛江：广东海洋大学，2023.

[15]　周双珍，晁建刚，佘佳宏，等．中性浮力水槽水下设备腐蚀分析［C］//中国腐蚀与

防护学会．2018第五届海洋材料与腐蚀防护大会暨海洋新材料及防护新技术展览会论文集．中国航天员科研训练中心，2018.

［16］ 赵伟，张水晶．海洋石油岸电平台腐蚀原因及防腐措施［J］．设备管理与维修，2024，（04）：70-72.

［17］ 杨圣超，申伟伟，董会萌，等．某电厂工业水管道在再生水环境中的腐蚀原因［J］．腐蚀与防护，2024，45（06）：111-118.

［18］ 鞠鹏飞，张达威，吉利，等．苛刻环境下材料表面防护技术的研究进展［J］．中国表面工程，2019，32（04）：1-16.

［19］ 朱梦悦．氮/硫掺杂碳量子点制备及其对 Q235 钢的缓蚀行为研究［D］．南昌：华东交通大学，2022.

［20］ 何忠义，田玉琴，张仁辉，等．锑碳/聚氨酯复合涂层的制备及其耐蚀性能［J］．中国表面工程，2022，35（02）：63-69.

［21］ He C，Xu P，Zhang X H，et al. The synthetic strategies，photoluminescence mechanisms and promising applications of carbon dots：Current state and future perspective［J］．Carbon，2022，186：91-127.

［22］ Saraswat V，Yadav M. Carbon dots as green corrosion inhibitor for mild steel in HCl solution［J］．Chemistry Select，2020，5（25）：7347-7357.

［23］ Cui M. Microwave synthesis of eco-friendly nitrogen doped carbon dots for the corrosion inhibition of Q235 carbon steel in 0.1 mol/L HCl［J］．International Journal of Electrochemical Science，2021：151019.

［24］ Ye Y W，Jiang Z L，Zou Y J，et al. Evaluation of the inhibition behavior of carbon dots on carbon steel in HCl and NaCl solutions［J］．Journal of Materials Science & Technology，2020，43：144-153.

［25］ Cen H Y，Chen Z Y，Guo X P. N，S co-doped carbon dots as effective corrosion inhibitor for carbon steel in CO_2-saturated 3.5% NaCl solution［J］．Journal of the Taiwan Institute of Chemical Engineers，2019，99：224-238.

［26］ 祝佳佳．化学氧化合成多种碳量子点及其对 Q235 钢的缓蚀性能研究［D］．南昌：华东交通大学，2023.

［27］ Xu L，Li S，Tu H，et al. Molecular engineering of highly fluorinated carbon dots：Tailoring Li^+ dynamics and interfacial fluorination for stable solid lithium batteries［J］．ACS Nano，2023，17：22082-22094.

［28］ Zhu J J，Zhu M Y，He Z Y，et al. Chemical oxidation synthesized high-yield carbon dots for acid corrosion inhibition of Q235 steel［J］．Chemistry Select，2023，8（7）：e202204621.

［29］ Zhu M Y，Guo L，He Z Y，et al. Insights into the newly synthesized N-doped carbon dots for Q235 steel corrosion retardation in acidizing media：A detailed multidimensional study [J]. Journal of Colloid and Interface Science, 2022, 608: 2039-2049.

[30] Li H, Qiang Y, Zhao W, et al. A green Brassica oleracea L extract as a novel corrosion inhibitor for Q235 steel in two typical acid media [J]. Colloids and Surfaces A: Physicochemical and Engineering Aspects, 2021, 616: 126077.

[31] Dehghani A, Bahlakeh G, Ramezanzadeh B. Construction of a sustainable/controlled-release nano-container of non-toxic corrosion inhibitors for the water-based siliconized film: Estimating the host-guest interactions/desorption of inclusion complexes of cerium acetylacetonate (CeA) with beta-cyclodextrin (β-CD) via detailed electronic/atomic-scale computer modeling and experimental methods [J]. Journal of Hazardous Materials, 2020, 399: 123046.

[32] Zhu M Y, He Z Y, Guo L, et al. Corrosion inhibition of eco-friendly nitrogen-doped carbon dots for carbon steel in acidic media: Performance and mechanism investigation [J]. Journal of Molecular Liquids, 2021, 342: 117583.

[33] Ta N J, Guo L, Yang H, et al. Synergistic effect of potassium iodide and sodium dodecyl sulfonate on the corrosion inhibition of carbon steel in HCl medium: A combined experimental and theoretical investigation [J]. RSC Advances, 2020, 10 (26): 15163.

[34] Xiong L, Wang P, He Z, et al. Corrosion behaviors of Q235 carbon steel under imidazoline derivatives as corrosion inhibitors: Experimental and computational investigations [J]. Arabian Journal of Chemistry, 2021, 14 (2): 102952.

[35] Ouakki M, Galai M, Rbaa M, et al. Quantum chemical and experimental evaluation of the inhibitory action of two imidazole derivatives on mild steel corrosion in sulphuric acid medium [J]. Heliyon, 2019, 5 (11): 02759.

[36] Wang P J, Xiong L P, He Z Y, et al. Effect of imidazoline derivatives on the corrosion inhibition of Q235 steel in HCl medium: Experimental and theoretical investigation [J]. Corrosion Reviews, 2022, 40 (3): 275-288.

[37] Zhao P, Jin B, Zhang Q, et al. High-quality carbon nitride quantum dots on photoluminescence: Effect of carbon sources [J]. Langmuir, 2021, 37 (5): 1760.

[38] Wang P J, Chen Q, Xiong L P, et al. Experimental and theoretical studies on the inhibition properties of an imidazoline derivative on Q235 corrosion in a simulated concrete pore solution [J]. Chemistry Select, 2022, 7 (12): e202102993.

[39] Zhu M Y, Guo L, Chang J, et al. Synergistic effect of 4-dimethylaminopyridine with sodium dodecyl sulfonate and potassium bromide on the corrosion inhibition of mild steel in HCl medium: A collective experimental and computational investigation [J]. Journal of Adhesion Science and Technology, 2022, 36 (22): 2462-2477.

[40] Farag A A, Mohamed E A, Sayed G H, et al. Experimental/computational assessments of API steel in 6 M H_2SO_4 medium containing novel pyridine derivatives as corrosion inhibi-

tors [J]. Journal of Molecular Liquids, 2021, 330: 115705.

[41] Wang P J, Xiong L P, He Z Y, et al. Effect of imidazoline derivatives on the corrosion inhibition of Q235 steel in HCl medium: Experimental and theoretical investigation [J]. Corrosion Reviews, 2022, 40 (3): 275-288.

[42] Tan B, He J, Zhang S, et al. Insight into anti-corrosion nature of Betel leaves water extracts as the novel and eco-friendly inhibitors [J]. Journal of Colloid and Interface Science, 2021, 585: 287.

[43] Xiong L P, Wang P J, He Z Y, et al. Corrosion behaviors of Q235 carbon steel under imidazoline derivatives as corrosion inhibitors: Experimental and computational investigations [J]. Arabian Journal of Chemistry, 2021, 14 (2): 102952.

[44] Zhi F, Jiang L, Jin M, et al. Inhibition effect and mechanism of polyacrylamide for steel corrosion in simulated concrete pore solution [J]. Construction and Building Materials, 2020, 259: 120425.

[45] Xu J N, He Z Y, Xiong L P, et al. Enhanced corrosion inhibition of Q235 steel by N, S Co-doped carbon dots: A sustainable approach for industrial pickling corrosion inhibitors [J]. Langmuir, 2024, DOI: org/10.1021/acs. langmuir. 3c03353.

[46] Zhu J J, Zhu M Y, Zhang R H, et al. Corrosion inhibition behavior of electrochemically synthesized carbon dots on Q235 carbon steel [J]. Journal of Adhesion Science and Technology, 2023, 37 (13): 1997-2009.

[47] Yang X, Zhang R H, Pu J B, et al. 2D graphene and h-BN layers application in protective coatings [J]. Corrosion Reviews, 2021, 39 (2): 93-107.

[48] Basak D, Ramazan S, Gulfeza K, et al. Copper/polypyrrole multilayer coating for 7075 aluminum alloy protection [J]. Coatings, 2011, 72 (4): 748-754.

[49] Nan F, Liu C, Pu J. Anticorrosive performance of waterborne epoxy coatings containing attapulgite/graphene nanocomposites [J]. Surface Topography: Metrology and Properties, 2019, 7 (2): 24002-240011.

[50] Abhishek T, Singh R. Durable corrosion resistance of copper due to multi-layer graphene [J]. Materials, 2017, 10 (10): 1112-1121.

[51] 曹楚南. 腐蚀电化学原理 [M]. 北京: 化学工业出版社, 2008.

[52] 胡会利, 李宁. 电化学测量 [M]. 北京: 国防工业出版社, 2007.

[53] Wu M, Ma H, Shi J. Enhanced corrosion resistance of reinforcing steels in simulated concrete pore solution with low molybdate to chloride ratios [J]. Cement and Concrete Composites, 2020, 110: 103589.

[54] 曹凤婷, 魏洁, 董俊华, 等. 羟基亚乙基二膦酸对 20SiMn 钢在含 Cl⁻ 混凝土模拟孔隙液中的缓蚀行为 [J]. 金属学报, 2020, 56 (06): 898-908.

[55] 王鹏杰, 黄姚逸, 何忠义, 等. 咪唑啉衍生物在混凝土模拟孔隙液中对 Q235 碳钢

的缓蚀作用 [J]. 公路, 2021 (11): 296-304.

[56] Zhang Z, Ba H, Wu Z. Sustainable corrosion inhibitor for steel in simulated concrete pore solution by maize gluten meal extract: Electrochemical and adsorption behavior studies [J]. Construction and Building Materials, 2019, 227: 117080.

[57] Liu Q, Song Z, Han H, et al. A novel green reinforcement corrosion inhibitor extracted from waste Platanus acerifolia leaves [J]. Construction and Building Materials, 2020, 260: 119695.

[58] He Z Y, Xiong L P, Liu J, et al. Tribological property study of mercaptobenzothiazole - containing borate derivatives and its synergistic antioxidative effects with N-phenyl-alpha-naphthylamine [J]. Lubrication Science, 2019, 31 (6): 239-251.

[59] Xiong L P, He Z Y, Liu J, et al. Tribological study of N-containing borate derivatives and their synergistic antioxidation effects with T531 [J]. Friction, 2019, 7 (5): 417-431.

[60] Xiong L P, He Z Y, Xie F, et al. Study of tribological synergistic effect of N-containing heterocyclic borate ester with tricresyl phosphate as rapeseed oil additive [J]. Tenside Surfactants Detergents, 2020, 57 (2): 175-184.

[61] 王鹏杰. 咪唑啉衍生物在混凝土中缓蚀性能研究 [D]. 南昌: 华东交通大学, 2021.

[62] He J, Yu D, Xu Q, et al. Combining experimental and theoretical researches to insight into the anti-corrosion property of Morinda citrifolia Linn leaves extracts [J]. Journal of Molecular Liquids, 2021, 325: 115145.

[63] Swiderski G, Kalinowska M, Swislocka R, et al. Spectroscopic (FT-IR, FT-Raman and 1H and 13C NMR) and theoretical in MP2/6-311++G (d, p) and B3LYP/6-311++G (d, p) levels study of benzenesulfonic acid and alkali metal benzenesulfonates [J]. Spectrochim Acta A Mol Biomol Spectrosc, 2013, 100: 41-50.

[64] Yu Z, Liu Y, Liang L, et al. Inhibition performance of a multi-sites adsorption type corrosion inhibitor on P110 steel in acidic medium [J]. Chemical Physics Letters, 2019, 735: 136773.

[65] Gromboni M F, Sales A, Rezende M D A M, et al. Impact of agro-industrial waste on steel corrosion susceptibility in media simulating concrete pore solutions [J]. Journal of Cleaner Production, 2021, 284: 124697.

[66] Qiang Y, Zhang S, Zhao H, et al. Enhanced anticorrosion performance of copper by novel N-doped carbon dots [J]. Corrosion Science, 2019, 161: 108193.

[67] Wang P J, Xiong L J, He Z Y, et al. Extraordinary corrosion inhibition efficiency of omeprazole in 1 mol/L HCl solution: Experimental and theoretical investigation [J]. Surface and Interface Analysis, 2023, 55 (4): 226-242.

[68] Qiang Y, Zhang S, Wang L. Understanding the adsorption and anticorrosive mechanism of DNA inhibitor for copper in sulfuric acid [J]. Applied Surface Science, 2019, 492: 228-238.

[69] Tan B, Xiang B, Zhang S, et al. Papaya leaves extract as a novel eco-friendly corrosion inhibitor for Cu in H_2SO_4 medium [J]. Journal of Colloid and Interface Science, 2021, 582: 918-931.

[70] Tan B, Zhang S, Qiang Y, et al. Experimental and theoretical studies on the inhibition properties of three diphenyl disulfide derivatives on copper corrosion in acid medium [J]. Journal of Molecular Liquids, 2020, 298: 111975.

[71] Shen L, Jiang H, Cao J, et al. A comparison study of the performance of three electro-migrating corrosion inhibitors in improving the concrete durability and rehabilitating decayed reinforced concrete [J]. Construction and Building Materials, 2020, 238: 117673.

[72] Zhang G, Yang Y, Li H. Calcium-silicate-hydrate seeds as an accelerator for saving energy in cold weather concreting [J]. Construction and Building Materials, 2020, 264: 120191.

[73] Guerrab W, Lgaz H, Kansiz S, et al. Synthesis of a novel phenytoin derivative: Crystal structure, Hirshfeld surface analysis and DFT calculations [J]. Journal of Molecular Structure, 2020, 1205: 127630.

[74] Majd M T, Ramezanzadeh M, Ramezanzadeh B, et al. Production of an environmentally stable anti-corrosion film based on Esfand seed extract molecules-metal cations: Integrated experimental and computer modeling approaches [J]. Journal of Hazardous Materials, 2020, 382: 121029.

[75] Palomar-Pardavé M, Romero-Romo M, Herrera-Hernández H, et al. Influence of the alkyl chain length of 2 amino 5 alkyl 1, 3, 4 thiadiazole compounds on the corrosion inhibition of steel immersed in sulfuric acid solutions [J]. Corrosion Science, 2012, 54: 231-243.

[76] El Ouadi Y, Bouyanzer A, Majidi L, et al. Evaluation of Pelargonium extract and oil as eco-friendly corrosion inhibitor for steel in acidic chloride solutions and pharmacological properties [J]. Research on Chemical Intermediates, 2015, 41 (10): 1-25.

[77] Chaouiki A, Lgaz H, Zehra S, et al. Exploring deep insights into the interaction mechanism of a quinazoline derivative with mild steel in HCl: electrochemical, DFT, and molecular dynamic simulation studies [J]. Journal of Adhesion Science & Technology, 2019: 1-24.